edition unseld 20

W0064646

Kein ernstzunehmender Anhänger der biologischen Perspektive wird die Bedeutung der Kultur für das menschliche Verhalten leugnen. Und kein ernstzunehmender Anhänger der kulturwissenschaftlichen Perspektive wird die Bedeutung der Evolution für das menschliche Verhalten leugnen. Aber beide neigen dazu, die Bedeutung der jeweils anderen Seite so schnell wie möglich zu bagatellisieren, um sich wieder ganz der eigenen Perspektive zuwenden zu können.

Für Karl Eibl steht die menschliche Kulturfähigkeit nicht im Gegensatz zur biologischen Ausstattung, sondern er versteht sie als Produkt der biologischen Evolution. Erst die Vergegenständlichungsfunktion der Menschensprache ermöglicht es, auf Nichtanwesendes zu referieren: auf Vergangenes, Zukünftiges, Abwesendes oder gar bloß Erfundenes. Sie erlaubt es überdies, kohärente eigene Welten zu entwerfen: Zwischenwelten. Kulturen als Zwischenwelten sind relativ autonome, riesige Relaisanlagen, in denen die vielfältig sich wandelnde Umwelt des Menschen auf sein altes, in Jahrmillionen evolviertes Nervensystem eingestellt wird. Das Buch legt die wichtigsten biologischen Bedingungen und kulturellen Binnenmechanismen solcher Konstruktionen dar und macht dabei auch die biologischen Bedingungen hochkultureller Phänomene wie der Religion, der Philosophie und der Künste sichtbar.

Karl Eibl, geb. 1940, ist Professor emeritus für Neuere deutsche Literaturwissenschaft an der Ludwig-Maximilians-Universität in München. Von ihm erschienen u. a. *Die Entstehung der Poesie* (1994), *Das monumentale Ich. Wege zu Goethes Faust* (2000) und *Animal Poeta. Bausteine der biologischen Kultur- und Literaturtheorie* (2004).

Kultur als Zwischenwelt
Eine evolutionsbiologische Perspektive

Karl Eibl

Suhrkamp

Die *edition unseld* wird unterstützt durch eine Partnerschaft
mit dem Nachrichtenportal *Spiegel Online*. www.spiegel.de

edition unseld 20
Erste Auflage 2009
© Suhrkamp Verlag Frankfurt am Main 2009
Originalausgabe
Alle Rechte vorbehalten, insbesondere das der Übersetzung,
des öffentlichen Vortrags sowie der Übertragung
durch Rundfunk und Fernsehen, auch einzelner Teile.
Kein Teil des Werkes darf in irgendeiner Form
(durch Fotografie, Mikrofilm oder andere Verfahren)
ohne schriftliche Genehmigung des Verlages reproduziert
oder unter Verwendung elektronischer Systeme
verarbeitet, vervielfältigt oder verbreitet werden.
Druck: Druckhaus Nomos, Sinzheim
Umschlaggestaltung: Nina Vöge und Alexander Stublić
Printed in Germany
ISBN 978-3-518-26020-3

1 2 3 4 5 6 – 14 13 12 11 10 09

Kultur als Zwischenwelt

Inhalt

1 Unterscheidungen

Ein »zweideutig Mittelding von Engeln und von Vieh« sei der Mensch, so meinte 1734 der Naturforscher und Dichter Albrecht von Haller.[1] Und des jungen Mediziners Friedrich Schiller Dissertation von 1780 trug den Titel: *Versuch über den Zusammenhang der tierischen Natur des Menschen mit seiner geistigen.* Schiller stellte zwei Einseitigkeiten bei der Behandlung seines Themas fest. Dasjenige ›System‹, das nur die ›geistige Natur‹ pflegt, sei zwar »am fähigsten [...], das Herz zur Tugend zu erwärmen«, aber es sei doch nur »eine schöne Verirrung des Verstandes [...] ein System, das allem, was wir von der Evolution des einzelnen Menschen und des gesamten Geschlechts historisch wissen und philosophisch erklären können, schnurgerade zuwiderläuft und sich durchaus nicht mit der Eingeschränktheit der menschlichen Seele verträgt«.[2] Deshalb hält es Schiller für angebracht, »den großen und reellen Einfluss des tierischen Empfindungssystemes auf das Geistige in ein helleres Licht zu setzen«.

Heute verlaufen die Unterscheidungslinien etwas anders. Der Glaube an Engel hat seit Hallers Zeiten deutlich abgenommen, und der Geist ist ins Fegefeuer von Ideologiekritik und Gehirnforschung geschickt worden, mit umstrittenem Erfolg. Heute haben wir es eher mit dem Mittelding aus Kultur und Genen oder mit der tierischen und der kulturellen Natur zu tun. Überdies wird kein ernstzunehmender Kulturalist heute mehr leugnen, daß der Mensch ein Produkt der Evolution ist. Und kein ernstzunehmender biologischer Naturalist wird leugnen, daß das Verhalten der Menschen ganz wesentlich durch Kultur mitbestimmt ist. Allerdings haben beide die Tendenz, die jeweils andere Seite in der Praxis bis zur Bedeutungslosigkeit schrumpfen zu lassen.

Wir begegnen hier schon einem ersten problematischen Evolutionserbe, den ›simple heuristics‹.[3] Das sind angeborene Faustregeln des Denkens und Verhaltens, die uns unter den Bedingungen der Altsteinzeit das Überleben ermöglicht haben, unter komplexeren Bedingungen aber leicht versagen können. Im vorliegenden Fall folgen die Wissenschaftlergemeinden der Faustregel: Denke monokausal! Der evolutionäre (›ultimate‹) Ursprung dieser Regel ist klar: Unser kognitiver Apparat hat sich als erfolgskontrolliertes Instrument auf dem Felde des *Handelns* entwickelt. Wer unter den Bedingungen der Altsteinzeit vor einer Entscheidung zu viele Stellschrauben ausprobiert hat, war schnell aus der Evolution ausgeschieden. Monokausales Denken verbesserte (wenigstens statistisch, und das reicht für die Evolution) die Überlebenschancen. Lange Zeit war ohnedies das rein instinktgesteuerte Verhalten ohne Alternative *das* Erfolgsmodell, und erst spät, in den letzten zwei Millionen Jahren, entstand allmählich die Fähigkeit zu improvisieren, aber damit auch die Notwendigkeit, etwas länger nachzudenken.

Zur Überwindung des monokausalen Zugriffs auf die Natur/Kultur-Thematik genügt nicht der gute Wille allein. Hilfreich, wenn nicht notwendig, wird eine angemessene Modellierung der Beziehung zwischen den beiden Instanzen sein. Zu diesem Zweck schlage ich das im Titel annoncierte Konzept der ›Zwischenwelt‹ vor. Zwischenwelten sind die sprachlich oder symbolisch kodierten intelligenten Interfaces, die als ›Kulturen‹ die Vielfalt und Wandelbarkeit menschlicher Umwelten und das vergleichsweise starre evolvierte Nervensystem aufeinander abstimmen.

Die Argumentation wird den folgenden Gang nehmen: Nach einigen Präliminarien im vorliegenden Kapitel, die vor allem der Begriffsklärung und Grundinformation dienen, werden in einem ersten Block (Kapitel 2-6) einige sozusagen technische Implikationen des Konzepts erläutert: Der Konstruktionscharakter der Zwischenwelt; die Fähigkeit des Entkoppelns von Antrieb und Handlung, die überhaupt erst die Konstruktion und Nutzung einer Zwischenwelt ermöglicht; das Problem kultureller Universalien; die Frage nach dem Menschen als einem ›von Natur aus‹ sozialen oder kriegerischen Wesen; und schließlich ist auch der beliebten Übertragung des Evolutionsbegriffs auf kulturelle Veränderungen zu gedenken. Der zweite Block (die Kapitel 7-9) beleuchtet speziell einige Konsequenzen, die sich aus der evolutionären Herkunft unserer höheren geistigen Aktivitäten ergeben: Erblasten der Evolution, die unsere kognitiven Aktivitäten irritieren; das Rätsel der Religionen und der ›Weltanschauungen‹; den Nutzen des Nutzlosen: Kunst und Unterhaltung. Zum Abschluß ist die Frage zu stellen, in welchem Verhältnis unser Alltagshandeln und -denken zu Ergebnissen menschenwissenschaftlicher empirischer Forschung stehen können.

Zunächst also einige elementare Unterscheidungen:

Instinktreduktion oder Instinktüberfluß?[4]

Für die derzeitige Perspektive der Kulturwissenschaften – von der Soziologie bis zur Ägyptologie – ist das folgende Zitat aus einer *Einführung in die Kulturwissenschaft* bezeichnend: Die Menschen hätten »keine ausreichende biologische Grundausstattung, die ihnen Handlungsorientierung und Verhaltenssicherheit vermittelt. Als Ersatz dafür verfügen sie über Symbole, mit denen sie ihre eigene Umwelt erschaffen«.[5] Dem kann man gewiß darin zustimmen, daß der Kulturbegriff auf Zeichen oder Symbole gestützt wird und daß von einer dadurch erschaffenen (besser

wohl: *ge*schaffenen) Umwelt die Rede ist. Damit daran weiter-
gearbeitet werden kann, muß jedoch vorher der Ausgangsirrtum
beseitigt werden. Die Symbole sind keineswegs ein »Ersatz« für
die mangelnde Grundausstattung. Wir haben es hier mit einem
Nachklang von Arnold Gehlens These vom ›instinktreduzierten
Mängelwesen‹ zu tun, wie sie etwa auch im Klassiker des Sozial-
konstruktivismus von Berger und Luckmann erscheint: »Verglichen mit dem Instinktapparat der anderen höheren Säugetiere
kann der Mensch als geradezu unterentwickelt bezeichnet werden.«[6] Kann er nicht. Aber seit nunmehr 70 Jahren dient die
Gehlen-Formel dazu, den Kultur- und Sozialwissenschaftlern
den Rücken freizuhalten beim Ignorieren der Biologie.

Schon Gehlen selbst hatte seiner Formulierung nur »transi-
torischen Wert« für die Analyse zugeschrieben, gebrauchte das
Wort ausdrücklich *nicht* als »Substanzbegriff«:[7] Der Mensch
wäre ein Mängelwesen, wenn man ihn im Sinne einer heuri-
stischen Fiktion ohne Kultur dächte. Wie der Löwe ein Mängelwesen wäre, wenn man ihn sich ohne Zähne vorstellte. Es
ist ein bewährter heuristischer Kniff, sich ein Organ oder eine
Institution versuchsweise wegzudenken, um auf diese Weise
ihre Funktion herauszufinden. Selbst Gehlens Rede von der
Instinktreduktion ist bedenkenswert, soweit Gehlen damit den
Abbau der »fest montierten *Zuordnungen*« von Auslösern und
Verhaltensweisen meint. Durch diesen Abbau der Zuordnungen, eine Art Instinkt-Splitting, seien affektive »Gefühlsstürme
ohne alle Handlung« sowie unvorhersehbare Handlungen als
Antwort auf unvorhersehbare Reize möglich geworden.[8] Es geht
also keineswegs darum, daß der Mensch die biologischen Vorgaben abwirft oder irgendwie verliert, sondern darum, daß er sie
mit neuen Funktionen versehen kann. Das ist etwas anderes als
›Reduzierung‹!

Unschuldig ist Gehlen freilich nicht an den Mißverständnissen und mißbräuchlichen Zitierungen seiner einprägsamen Formel. Er war Antidarwinist, Antiselektionist und vertrat die Vorstellung einer ›autonomen evolutiven Entwicklung‹ des Menschen, wie immer man sich das denken sollte.[9] Jedenfalls war er bei seinen biologischen Referenzen auf Außenseitermeinungen angewiesen. Er griff zur Begründung der Menschenentwicklung auf die These Ludwig von Bolks zu, daß der Mensch gekennzeichnet sei durch einen Prozeß der ›Fetalisierung‹. Morphologisch weise er Merkmale auf, die bei seinen Primatenverwandten nur im Fötal- und Kindheitsstadium aufzufinden seien, ›Primitivismen‹ wie das kurze Kinn und den großen Kopfschädel, das Fehlen des Haarkleides usw., und analog dazu, so meinte Gehlen, sei auch seine Instinktausstattung nicht ausgereift. Insgesamt wird der Mensch auf diese Weise zum retardierten Affen, dem durch eine mysteriöse »Umstimmung«, eine (nicht näher ausgeführte) »Besonderheit des endokrinen Systems«,[10] ein besonders großes Gehirn beschert wurde. Damit war die Rezeption der Mängelwesen- und Instinktreduktionsthese vorgezeichnet: Der Mensch ist ein biologischer Kümmerling, dem zur mehr oder weniger glorreichen Kompensation (als ›Ersatz‹) das große Hirn und damit die Kultur gewachsen ist.

Die Gegenposition kann William James verkörpern, eine Art Stammvater der Evolutionären Psychologie. Auch er konstatierte eine grundlegende Unsicherheit der menschlichen Umweltreaktionen. Aber nach seiner Ansicht beruht sie nicht auf einem Triebdefizit. »*Im Gegenteil, der Mensch besitzt alle die Triebe, welche die Tiere haben, und noch eine Menge andere dazu.*«[11] Als Gegenbeispiel aus der Tierwelt führt er den Instinkt des Fisches an, der nach dem Wurm schnappt, auch wenn dieser an einem Angelhaken hängt. Die Natur habe es so eingerichtet, daß diese Lebewesen »*immer* in der Weise handeln, wie es in den *meisten* Fällen richtig ist«. Bei höheren Tieren in komplexeren Umwelten, also bei höheren Vogelarten oder Säugetieren, »scheinen Gier und Argwohn, Neugierde und Schüchternheit, Zurückhaltung und Begierde, Verschämtheit und Stolz, Umgänglichkeit und Streitsucht« bereits »in einem ebenso labilen Gleichgewichtszustand zu verharren, wie beim Menschen.« Die Instinkte »*widersprechen* einander, so daß die Erfahrung in jedem Anwendungsfall über den Ausgang entscheidet.«[12]

Konkret äußert sich die Instinktunsicherheit in einer erhöhten Zahl von Handlungsoptionen. Schon das Genom der höheren Tiere enthält zum Beispiel für den Konfliktfall mehrere Vorschläge: Kämpfen oder Davonlaufen, und wenn es sich um sozial differenzierter organisierte Tiere handelt, ist auch Unterwerfung eine wichtige Option. Der Organismus wird für seine Wahl verschiedene Parameter wie die Stärke des Gegners, den Fluchtweg, den Wert des umstrittenen Gutes abwägen. Schon das ist schwierig genug, wenn man schnell reagieren muß, und nur zu bewältigen, wenn die Rechenprozesse gleichfalls instinktiv ablaufen. Unter den Bedingungen der menschlichen Kultur / Sprache jedoch kommt es zu einer regelrechten Explosion von Möglichkeiten und damit zu einer drastischen Erhöhung von Kontingenz. So gibt es nun die Möglichkeit des Verhandelns oder des symbolisch-finanziellen Vergleichs, die ihrerseits wieder eine Fülle von Vertragsvarianten eröffnen. Man kann es auch mit Beten oder Zaubern versuchen, die Frage der Bewaffnung kommt mit ins Spiel, auch die Erreichbarkeit der nächsten Notrufsäule, überhaupt das ganze Rechtssystem, mit dem man solche Begegnungen zu regeln versucht und das in Neuguinea anders aussieht als in München.

Für James sind *Erfahrung* und, eng damit verknüpft, *Gedächtnis* die Quellen, aus denen sich die Entscheidungsfähigkeit nährt, also die Instanzen, die dem bloßen Instinktwesen die Möglichkeit und Unentbehrlichkeit vernunftbestimmter Steuerung hinzufügen. Nichts spricht dagegen, an die Stelle von James' Erfahrung und Gedächtnis das Wort *Kultur* zu setzen. Die Polyphonie der Adaptationen oder auch ihre Kakophonie ist auf Entscheidungen angewiesen, und die Grundstruktur dieser Entscheidungen entstammt dem Bereich der jeweiligen Kultur und der mit ihr verknüpften individuellen Erfahrung. Kultur ist kein Ersatz der Instinkte, sondern ein Steuerungssystem, das deren Wirksamwerden koordiniert.

Es geht also eigentlich nicht um eine quantitative Bestimmung der Instinkte überhaupt, sondern es geht darum, daß bei höheren Lebewesen nicht automatisch immer nur ein Instinkt aktuell wirkt, sondern daß ein Aggregat antagonistischer und konkurrierender Instinkte Unterbrechungen in den Ablauf bringt, in denen dann individuelle oder kollektive Erfahrungen zum Zuge kommen können. Hier kann man einen glücklichen Terminus von Gehlen einbringen, der unabhängig von den erwähnten problematischen Voraussetzungen verwendet werden kann. Es ist der Begriff des ›Hiatus‹, der die Lücke zwischen Antrieben (Bedürfnissen, Interessen)[13] und Handlung bezeichnet. In diesem Hiatus können die individuellen und kollektiven Erfahrungen als zusätzlicher Informationspool wirken.

Soziobiologie und Evolutionäre Psychologie

In den letzten Jahrzehnten, seit den siebziger Jahren, hat sich in den USA die Soziobiologie entwickelt, und sie hat dann auch in

Deutschland die Vergleichende Verhaltensforschung der Ära von Nikolaas Tinbergen und Konrad Lorenz abgelöst. Sachlich war dieser Generationenwechsel vor allem durch die Liquidierung eines Zentralbegriffs gekennzeichnet, nämlich des Begriffs der Arterhaltung.[14] Zweifellos gibt es Verhaltensweisen, deren *Effekt* eine Stabilisierung der Spezies ist, Selbstverständlichkeiten, etwa daß Rudeltiere den Umgang mit ihresgleichen vorziehen oder daß bei der natürlichen Zuchtwahl artspezifische Schlüsselreize eine besondere Rolle spielen. Schon simples Überleben erhält nicht nur das Individuum, sondern auch die Art. Ähnlich ist es um die gleich zu erörternde ›kin selection‹ bestellt, die ja auch der eigenen Art zugute kommt. Aber ein Arterhaltungsprinzip, das die Individuen dazu bringt, das Wohl der Art über das eigene zu stellen, ist biologisch unmöglich. Ein Lebewesen mit einem entsprechenden Trieb hätte gegenüber den ›Egoisten‹ massive Reproduktionsnachteile, so daß ein ›Arterhaltungstrieb‹ bald ausgestorben wäre. Das ist später noch einmal aufzugreifen.

Es ist möglicherweise langfristig das größte Verdienst der Soziobiologie, daß sie mit dem Mythos von der Arterhaltung aufräumte und damit überhaupt erst sichtbar machte, daß soziales Verhalten der Lebewesen nicht als Normalfall angesehen werden kann, sondern der Erklärung bedarf. Die Hauptfrage der Soziobiologie war und ist, wie der Name sagt: Wie ist Vergesellschaftung überhaupt möglich, da doch evolutionsbiologisch gesehen nur der Erfolg des einzelnen genetisch belohnt wird? Sie versuchte, eine Antwort zu finden, indem sie nicht das Überleben des *Individuums*, sondern dessen Beitrag zur Reproduktion des *Genoms* in den Vordergrund stellte. Das Forschungsprogramm war sehr erfolgreich, publizistisch wie sachlich. Allerdings nahm die Soziobiologie, ausgehend von Insekten, die Gemeinsamkeiten des Sozialverhaltens *aller* Lebewesen ins Visier, zielt also auf ein sehr hohes Generalisierungsniveau. Menschliches Verhalten kommt dabei nur in den Blick, soweit es Homologien oder Analogien mit dem tierischen aufweist. Typisch für den Habitus sind Buchtitel wie *Der nackte Affe*, *Der dritte Schimpanse* oder *Von Menschen und anderen Tieren*. Doch sowenig ein Schimpansenforscher damit zufrieden sein kann, wenn er die Gemeinsamkeiten seiner Lieblinge mit Fledermäusen oder auch Gorillas entdeckt, sowenig kann der Menschenforscher sich damit begnügen, die Gemeinsamkeiten der Menschen mit Ameisen oder Bonobos zu erforschen.

Zunächst hatte die Soziobiologie unter Titeln wie ›behavioral ecology‹ oder ›evolutionary ecology‹ auch speziell menschliche Verhaltensweisen in den Blick genommen. Dies geschah jedoch noch ohne hinreichende Berücksichtigung der artspezifisch menschlichen Bedingungen. Deshalb hat sich in den neunziger Jahren aus der Soziobiologie die Evolutionäre Psychologie ausdifferenziert.[15] Sie beachtet zwar immer noch das Tiererbe, jedoch richtet sie ihr spezielles Augenmerk auf die Besonderheiten der Spezies Mensch und die Modifikationen des Tiererbes im Kontext dieser Besonderheiten. Man kann zur näheren Bestimmung bei einer mittlerweile geläufigen Formel anknüpfen: Die Soziobiologie betrachtet die Menschen wie alle anderen Lebewesen als ›fitness maximizers‹. Das trägt ihr seitens der Evolutionären Psychologie den Vorwurf des ›soziobiologischen Fehlschlusses‹ ein.[16] Nur die *Entstehung* der menschlichen Adaptationen sei unter (Gesamt-)Fitneß-Gesichtspunkten zu sehen, das manifeste Verhalten sei von diesen Adaptationen gesteuert, *ohne* daß es zu Fitneß-Maximierung führen muß. Standardbeispiel für diesen Zusammenhang ist die Vorliebe der meisten Menschen für süße und fette Speisen. Sie entstand, weil in grauer Vorzeit diejenigen einen Fitneß-Vorsprung hatten, die sich zuerst auf die nahrhaftesten Teile stürzten. Die Adaptation wirkt auch heute noch, aber sie ist (in den Industrieländern) keineswegs mehr adaptiv, sondern gilt als Hauptursache einer ganzen Reihe von Krankheiten. Wenn die Menschen Geschlechtsverkehr haben, dann ist der Zweck ihres Handelns selten die Reproduktion, und wenn sie monokausal denken (siehe oben), dann wenden sie eine alte kognitive Adaptation auf eine neue Problemsituation an, auf die sie nicht mehr paßt. Die Evolutionäre Psychologie betrachtet die Menschen nicht als ›fitness maximizers‹, sondern als ›adaptation executors‹; der Fitneß-Gesichtspunkt ist nur insofern von Gewicht, als er hilft, die Adaptationen zu identifizieren.

Ultimat und proximat

Hier kann die Unterscheidung von ultimaten und proximaten Verursachungen (»causations«) weiterhelfen, wie sie sich seit Tinbergen in der Verhaltensbiologie eingebürgert hat.[17] Die proximate Ursache dafür, daß eine Schlange grün ist, ist der Farbstoff in ihrer Haut. Die ultimate Ursache ist die Anpassung an die Umwelt, hier an das Gras, in dem sie durch ihre Farbe vor Feinden geschützt wird. Wenn der Psychologe nach der Ursache eines Verhaltens fragt, dann fragt er meistens nach der proximaten Ursache, das heißt nach dem Mechanismus, der dieses Verhalten hervorbringt. Wenn der Evolutionsbiologe diese Frage stellt, dann fragt er in der Regel nach der ultimaten Ursache, nämlich danach, welcher Selektionsfaktor der Umwelt für die Entstehung des Mechanismus verantwortlich war, der dieses Verhalten hervorbringt. Er fragt nach der Environment of Evolutionary Adaptedness (EEA). Bei freilebenden Tieren kann man die Unterschiede meistens vernachlässigen, weil das Milieu, in dem sie leben, dem ähnelt, dessen Selektionsdruck sie ihre Eigenschaften verdanken. Beim Menschen ist das anders. Er ist sozusagen eine grüne Schlange in farblich wechselnden Umwelten; deshalb ist es sinnvoll, auch hier unseren Hang zur Monokausalität zu korrigieren und immer beide Fragen zu stellen. Denn die Kenntnis der ultimaten Verursachung ist ein wichtiges Instrument für die präzisere Erforschung des proximaten Mechanismus.[18] Die meisten Menschen leben heute in einer anderen Welt als der, an die die Spezies angepaßt wurde. Das gilt sogar für die wenigen noch existierenden Sammler und Jäger, die längst aus ihren ursprünglichen fruchtbaren Lebensräumen verdrängt worden sind. Die Entwicklung, die uns hervorbrachte, setzte vor etwa 4 Millionen Jahren (oder mehr) mit den Australopithecinen ein, vor etwa 2 Millionen Jahren gab es die ersten Wesen, denen wir den Namen ›homo‹ gönnen, vor etwa 200 000 Jahren gab es den anatomisch modernen Menschen. Vor etwa 70 000 Jahren begann dann die letzte (dritte?) große Diaspora aus Afrika in alle Welt. Alle Adaptationen, die alle Menschen gemeinsam haben (Universalien), müssen sich bis zu diesem Zeitpunkt ausgebildet haben. Danach gab es noch regionale Anpassungen, zum Beispiel an die verringerte Sonneneinstrahlung im Norden, an die sich die Art durch hellere Hautfarbe und damit die Produktion von Vitamin D anpaßte, oder an die Lebensweise von Hirten, die bei den entsprechenden Völkern zu erhöhter Laktose-Toleranz führte. Ackerbau und Viehzucht, die vor 10 000 Jahren allmählich sich ausbreiteten, wurden mit der körperlichen und mentalen Ausrüstung von Sammlern und Jägern begonnen und hatten nur wenig Zeit, auf das Genom bzw. auf die regionalen Genome zu wirken. Von der rapiden Weltveränderung der letzten 300 Jahre gar nicht zu reden. Deshalb ist es unbedingt notwendig, im Sinne der Evolutionären Psychologie ultimate und proximate Verursachung bzw. Adaptation als evolvierte *Instinkt-Einheit* (Modul) und Adaptation als manifestes *Verhalten* zu unterscheiden – und aufeinander zu beziehen. So kann man dann erfahren, wie alte Adaptationen neu genutzt werden, wie sie miteinander oder mit neuen, exosomatischen Entwicklungen in Konflikt geraten, wie sie sich gleichsam hinterrücks durchsetzen oder wie sie einfach – zeitweise – zum Verschwinden gebracht werden.

Aber wie ist das überhaupt möglich, mit einem Steinzeit-Gehirn über den Atlantik zu fliegen, Romane zu schreiben, Finanzmärkte zu betreiben?

Modulare oder allgemeine Intelligenz?

Im Jahre 1924 hat L. L. Bernard in der Fachliteratur nicht weniger als 15789 verschiedene Namen von Instinkten sammeln können, auch der Versuch einer logischen Gruppierung ergab noch 6131.[19] Damit schien die erste nachdarwinistische Welle instinkttheoretischer Erklärungen menschlichen Verhaltens ad absurdum geführt (und war der Beginn des Behaviorismus eingeläutet).

Aber wäre es nicht denkbar, daß unser Handeln tatsächlich von 6131 oder gar 15789 Instinkten gelenkt wird? Das Modularitätskonzept der Evolutionären Psychologie zielt in diese Richtung. Zur Veranschaulichung wird gern das Bild vom Schweizer Armeemesser verwendet, jenes roten Taschenmessers, an dem neben einem Messer noch eine Vielzahl von kleinen Werkzeugen angebracht ist, vom Schraubenzieher bis zum Zahnstocher. Ein verwandtes Bild ist das von der adaptiven Werkzeugkiste.[20] Der menschliche Geist habe sich als ein solches Bündel hochspezialisierter Module für die Lösung bestimmter begrenzter Probleme entwickelt.[21] Cosmides und Tooby nehmen eine Vielzahl von Modulen an (»hundreds or thousands«), die nur in einer offenen Liste genannt werden können:

> Ein Modul zur Gesichtserkennung, eines für räumliche Beziehungen, eines für Mechanik fester Körper, eines für Werkzeuggebrauch, eines für Furcht, eines für sozialen Austausch, eines für Emotionswahrnehmung, eines für Engagement für die Verwandtschaft, eines für die Nutzen-Kosten-Abschätzung von Aufwand, eines für die Kinderaufzucht, eines für soziale Schlußfolgerungen, eines für sexuelle Anziehung, eines für semantische Schlußfolgerungen, eines für Freundschaft, eines für Grammatikerwerb, eines für Kommunikation, eines für die ›Theory of mind‹ und so weiter.[22]

Es sind nicht etwa Organeinheiten, von denen hier die Rede ist, sondern *Funktions*module.[23] Das funktionale Modul »Laufen« zum Beispiel setzt Knochen, Haut, Muskeln, Sehnen, Lungen, Herz, Gehirn usw. in Gang, und diese Organe sind ihrerseits auch an ganz anderen Funktionsmodulen beteiligt. Ähnlich sind an mentalen Funktionsmodulen wie Werkzeuggebrauch oder Kommunikation viele verschiedene Gehirnpartien beteiligt.

Die Entwicklung von problembezogenen Modulen ist ein sehr effizientes Verfahren, konkrete, langfristig haltbare Lösungen für konkrete, langfristige Probleme möglichst ›hart verdrahtet‹ und spezialisiert zu entwickeln. Allerdings: Noch befinden wir uns damit auf der Ebene von Amöben, Spulwürmern oder Zecken. Je leistungsfähiger solche Module auf Grund ihrer Starrheit sind, desto weniger eignen sie sich für die Lösung neu auftauchender Probleme, für Improvisationen. Dafür – und damit für eine von Menschen vergleichsweise sehr hoch entwickelte Fähigkeit – ist es dann doch nötig, so etwas wie eine allgemeine Intelligenz anzunehmen. Hier genüge der Hinweis: Die Module sind durch Um- und Anbauten des jeweils schon Vorhandenen entstanden, und sie sind *koevolutiv* entstanden. Auch Querverschaltungen können auf evolutionärem Wege entstehen, wenn sie die Fitneß der Art erhöhen. Die Module sind nicht eingekapselt, sondern können Informationen austauschen bzw. auf gemeinsame Informationspools zurückgreifen und tauschen ganz allgemein Input und Output aus. Oder in anderer Terminologie: Sowohl in ihrer Entstehung als auch in ihrem synchronen Funktionieren sind die mentalen Module einerseits autonom auf je eigene Probleme hin entwickelt und anderseits strukturell miteinander gekoppelt.[24] Das bedeutet letztlich, daß wir mit einer älteren Ebene der distinkten Module und mit einer jüngeren Ebene allgemeinerer Leistungen zu rechnen haben.

Das kann nur deshalb funktionieren, weil Menschen in besonderem Maße in der Lage sind, Verhaltensprogramme zu unterbrechen, einzelne Verlaufssequenzen zu entkoppeln, sie neu zu kombinieren und durch Bedeutungsübertragungen neue Auslöser zu definieren. Es ist wohl wirklich der Steinzeitmensch, der auch noch in unseren Städten haust, aber schon dieser Steinzeitmensch hatte offenbar die Fähigkeit, sein aktuelles Verhalten an ganz unterschiedliche Milieus anzupassen. Er hatte gegenüber seinen Vorfahren eine biologische Neuerung entwickelt, die letztlich eine ganz neue Umweltbeziehung begründete: die Sprache.

Tiersprache – Menschensprache

Man kann kaum etwas als Differenz von Tier und Mensch vorschlagen, ohne daß ein Hundehalter (oder ein Primatenforscher) ruft: »Mein Lumpi kann das aber auch!« Es gibt eine ganze Reihe von Eigenschaften des Menschen, an denen man seine Besonderheit festmachen wollte, etwa die Werkzeugherstellung, die nackte Haut, den aufrechten Gang usw. Aber immer wieder zeigte sich, daß die betreffende Fähigkeit jedenfalls in *Ansätzen* schon im Tierreich aufzufinden ist. Doch eigentlich ist das selbstverständlich, wenn der Mensch ein Produkt der Evolution ist. So ist es auch mit der Sprache. Auch Tiere haben Kommunikationsmittel. Im *Ansatz* kann man sie oder einige von ihnen als Verwandte der Menschensprache ansehen.

Eine wichtige Methode der evolutiven Innovation ist generell die Ausdifferenzierung anhand einer leitenden Funktion. So wurde zum Beispiel der Daumen als Greiforgan aus dem Ensemble ursprünglich parallel stehender Finger ausdifferenziert.[25] Ähnlich kann man sich das Spezifikum der Menschensprache als Ausdifferenzierung einer Leistung vorstellen, die – ansatzweise – schon bei einigen Tieren aufzufinden ist. Zu den unter dem Kommunikationsaspekt besonders gut beobachteten Tieren zählen die Grünen Meerkatzen.[26] Während die meisten Tiere nur Aufforderungen oder eigene Zustände kommunizieren (in Karl Bühlers Sinn: Appell und Kundgabe),[27] waren hier auch Elemente der Darstellung zu beobachten. Die Warnrufe der Grünen Meerkatzen unterscheiden zwischen Schlangen-, Leoparden- und Adleralarm, und die Reaktionen zeigen, daß die Gewarnten diese Unterscheidungen auch verstehen. Zwar verlaufen auch die menschlichen Kommunikationen in der Regel trifunktional, enthalten also gleichzeitig Elemente der Darstellung, der Kundgabe und des Appells. Aber die Menschen sind fähig, für bestimmte Zwecke das Element der Darstellung so stark in den Vordergrund treten zu lassen, daß es fast allein realisiert ist.[28] Reallexika oder naturwissenschaftliche Lehrwerke leben fast ausschließlich vom Element der Darstellung und haben Elemente der Kundgabe vielleicht ins Vorwort und solche des Appells auf die Ausstattung verdrängt. Damit wird der Kommunikation eine neue Dimension erschlossen. Die ausdifferenzierte Darstellungsfunktion erlaubt es, über Abwesendes zu kommunizieren und es über längere Zeit stabil zu repräsentieren. Man kann sogar vermuten, daß jetzt überhaupt erst ›Dinge‹ in einem herausgehobenen Sinn entstehen, während vor der Ausdifferenzierung der Darstellungsfunktion nur eine Orientierung an Situationen und Reizen erfolgte. So werden Vergangenheit und Zukunft dem Nachdenken dauerhaft zugänglich. Ebenso können Abstraktionen, erfundene und fantastische Sachverhalte in den Rang von Gegenständen erhoben, ›verdinglicht‹ werden. Sprache ist das Medium, in dem wir über das Hier und Jetzt hinausgreifen können, das eine Ablösung von der aktuellen Situation und ein Denken im Offline-Modus erlaubt.[29]

Ich bevorzuge für diese Leistung der Menschensprache den Begriff der Vergegenständlichung. Man könnte auch von Verdinglichung oder Reifikation sprechen, doch haben diese Begriffe Anschlüsse, die sie von vornherein pejorativ stempeln. Für die pejorative oder zumindest problematische Dimension reserviere ich den Begriff der Hypostase. (Duden-Definition: »Vergegenständlichung eines bloß in Gedanken existierenden Begriffs«,[30] zur näheren Bestimmung dieses etwas ungewohnten Begriffs vgl. auch S. 155). Die Fähigkeit der mentalen Vergegenständlichung des Vorgestellten in relativer Unabhängigkeit von seinem aktuell greifbaren Realitätscharakter ist von entscheidender Bedeutung für die Menschenwelt. Sie ermöglicht es, eigene Welten zu konstruieren und auf diese selbstkonstruierten Welten hin zu handeln.[31] Sie ist das Baumaterial dessen, was man als ›kulturelles Gedächtnis‹ oder als ›kollektives Gedächtnis‹ bezeichnet, sie stellt die Objekte gesellschaftlicher Kommunikation her und schafft jene kulturelle Zwischenwelt, die als eine Art Interface zwischen der Vielfalt menschlicher Habitate und Vergesellschaftungen und dem evolvierten Nervensystem vermittelt. Ihre Aufgabe ist die adaptationsverträgliche Interpretation der Umgebung. Mit den semantischen Werkzeugen der Zwischenwelt benennen und definieren wir Situationen so, daß unser mentaler Apparat damit umgehen kann, auch wenn er gar nicht für sie geschaffen wurde. Selbst das Leben im modernen Staat oder in einer Fabrikhalle kann für diesen Apparat verarbeitbar gemacht werden, obwohl dieser sich in Auseinandersetzung mit der kleinen Gruppe und der freien Natur entwickelt hat. Das bedeutet nicht, daß der Mensch nun seine Flügel ausbreitet und in schöner Willkür und Freiheit sich über die Bedingungen seiner biologischen Existenz hinwegschwingt. Wenn die Zwischenwelt die Referenzprobleme schlecht verarbeitet oder sie dem Nervensystem in ungeeigneter Form anbietet, dann kommt es zu Katastrophen, kleinen oder großen, und wenn das Zusammenspiel auch nach entsprechenden Alarmen versagt, kann es auch zum Untergang führen – der Individuen oder ganzer Kulturen. Jedenfalls aber steht Manipulationsraum zur Verfügung, in dem die Instinktbruchstücke neu zusammengefügt und auf neue Probleme eingestellt werden können.

Umwelt und Umgebung

Das gibt Anlaß, einleitend eine letzte Unterscheidung namhaft zu machen, die im folgenden gelegentlich in Anspruch genommen wird, nämlich die Unterscheidung von Umwelt und Umgebung. Die Unterscheidung geht auf Jakob von Uexküll zurück.[32]

Uexküll reserviert den Begriff ›Umwelt‹ für die von einer Spezies wahrgenommene und bearbeitete Welt, den Begriff der ›Umgebung‹ für die von einem Beobachter wahrgenommene Welt, in der sich eine Spezies bewegt. Wenn Hund, Fliege und Mensch sich im selben Zimmer befinden, haben sie dieselbe Umgebung, aber drei ganz verschiedene Umwelten. Die Unterscheidung ist oft unerheblich, aber gelegentlich nützlich.

2 Alles nur Konstruktion! Nur?

Eine Zwischenwelt, wie sie eben skizziert wurde, ist selbstverständlich eine Konstruktion. Was sollte sie denn anderes sein? Aufregend ist das nur, wenn man sich einen möglichst naiven Realitätsbegriff eigens zum Zweck seiner Widerlegung zurechtlegt oder ihn stillschweigend voraussetzt. Niklas Luhmann, gewiß einer der respektabelsten unter den Konstruktivisten, meint: »Was mit ›Realität‹ gemeint ist, kann deshalb nur ein internes Korrelat der Systemoperationen sein – und nicht etwa eine Eigenschaft, die den Gegenständen der Erkenntnis zusätzlich zu dem, was sie nach Individualität oder Gattung auszeichnet, außerdem noch zukommt. Realität ist denn auch nichts weiter als ein Indikator für erfolgreiche Konsistenzprüfungen im System.«[1] »Nichts weiter«? Das ist doch eine ganze Menge! Entscheidend sind die intermodularen Konsistenzprüfungen oder das, was Popper mit Churchill als ›Kontrollpeilung‹ bezeichnet hat:[2] Wir vergleichen die Daten, die uns unsere fünf oder sechs Sinne, unser Gedächtnis, unsere apparative Ausrüstung, unsere logischen Schlußverfahren, die Mitteilungen anderer liefern, und wenn sie sich als konsistent erweisen, dann sind wir einigermaßen beruhigt und sagen: So wird es wohl sein. Mehr ›Realität‹ wird man vernünftigerweise nicht erwarten können.

Interessant wird der Konstruktivismus erst dann, wenn man nach den Verfahrensweisen und Funktionen der Konstruktion fragt. Ich beginne mit einem Beispiel.

»Mutterliebe ist ein Konstrukt«

Das war vor einiger Zeit im Nachrichtenmagazin *Der Spiegel* als Überschrift zu lesen.[3] Nach einer beunruhigenden Serie von Kindesmißhandlungen, -vernachlässigungen und -tötungen wollte man der Sache dort auf den anthropologischen Grund gehen und fragte eine Literaturwissenschaftlerin, was man davon zu halten habe. Die etwas wirre Antwort wurde dann zur Überschrift zusammengefaßt: »Mutterliebe ist ein Konstrukt.« Das klang so, als ob es sich um eine provozierende neue Erkenntnis handle. Auch sonstige Erscheinungen des menschlichen Lebens werden immer wieder einmal zur sozialen oder kulturellen Konstruktion erklärt. Besonders gern widmet man sich dabei grundbegrifflichen Einheiten wie der Liebe, dem Schmerz, dem Ekel, der Schönheit, dem Tod. Auch wissenschaftliche Theorien, zum Beispiel die Evolutionstheorie, werden als kulturelle Konstruktionen identifiziert. Doch allenfalls ein Denken, das sich auf eine apriorische, vorempirische Einsicht in ein wie auch immer geartetes ›Wesen‹ der Dinge berufen möchte, auf irgend etwas, das in der Nachfolge der Platonischen Ideen steht, könnte damit ernsthaft provoziert werden.

Immerhin, man kann aus der Parole vom Konstrukt auch eine weniger triviale Perspektive gewinnen, wenn man sie etwas ausspinnt. Ein Konstrukt – zum Beispiel ein Bauwerk oder ein Werkzeug – wäre dann etwas, das aus bestimmten Materialien hergestellt wurde und das einen bestimmten Zweck erfüllen soll.

Da geraten dann die biologischen Vorgaben (als Materialien) und die biologischen und soziokulturellen Funktionen (als Zwecke) in den Blick. Im Beispielfall wird man das biologische Material und die biologische Funktion schnell identifizieren können: Es ist der Trieb oder Instinkt oder die Adaptation, daß das Muttertier sich um den hilflosen Nachwuchs kümmert. Daß die Mutter überhaupt nichts damit zu tun hat, ist bei Säugetieren, eben des Säugens wegen, ausgeschlossen. Eine Mutter, die ihren Nachwuchs gut versorgt, wird ihre Gene erfolgreicher weitergeben als eine, die ihn vernachlässigt, und damit wird auch die Veranlagung zur Nachwuchspflege gefördert. Man wird schwerlich einen Grund finden, weshalb das beim Menschen mit seiner exzessiv langen Kindheitsdauer anders sein sollte. Auch jene Literaturwissenschaftlerin meint, im Tierreich gebe es einen »Beschützertrieb«. Aber beim Menschen sei dessen Schutzfunktion »längst aufgeweicht«, was immer das bedeuten soll.

Näher kommt man dem Konstruktionscharakter, wenn man die kulturelle Leistung in einer *Interpretation* der biologischen Vorgaben sieht, die dann auch handlungsleitend werden kann. So ähnlich kann man die Ideengeberin in Sachen konstruierter Mutterliebe, Elisabeth Badinter, lesen (wenn man von all den Gedankenzügen absieht, die sich mehr ihrem Engagement als solider Argumentation verdanken). Sie betreibt konkrete Mentalitätsgeschichte, zeigt zum Beispiel, daß die Gleichgültigkeit, ja der Abscheu gegenüber dem Kind eine Sache der Distinktion der Oberschicht des Ancien régime war und daß die Pathetisierung und Sentimentalisierung der Mutterliebe in den Zusammenhang der bürgerlichen Welt gehört. Hinzuzufügen wären diesem sozialgeschichtlichen Grobbefund weitere, differenziertere Aspekte. So hat etwa der mediale Wandel, insbesondere die Briefkultur, bestimmte Ecken privater Emotionalität überhaupt erst ans Licht der Sprache und der Öffentlichkeit gebracht. Das wäre vermutlich zu verknüpfen mit dem Komplexerwerden der Faktoren der Lebensorientierung. Es reicht dann einfach nicht mehr aus, sich mit der generativen Nützlichkeit des Oxytozins (des für Bindung und insbesondere für Mutterliebe zuständigen Hormons) und den dadurch erweckten angenehmen Gefühlen zu begnügen, sondern das Oxytozin muß sozusagen auch verbalisiert werden. Hier ließe sich weiterdenken und -forschen, denn die Verbalisierung und Interpretation stellt neue Kontexte, Interdependenzen und Funktionen her, die zu spezifisch kulturwissenschaftlichen Fragestellungen führen. Es wäre ja töricht, die ›relative Autonomie‹ der Kultursphäre, d. h. die Interdependenzen bestimmter kultureller Regelungen, ignorieren zu wollen. Eine Kultur, die A sagt, muß, wie im weiteren Verlauf deutlich werden soll, tatsächlich meistens auch B sagen, und wenn sich die familiale Organisation und ihr Umfeld ändern, ändert sich auch die Deutung von Mutterschaft.

Kulturalisten neigen in bestimmten Argumentationssituationen dazu, urplötzlich selbst anthropologische Konstanten, Universalien, einzuführen. Das Interview des *Spiegel* sollte irgendwie erklären, wie es zu dem verstörenden Verhalten mancher Mütter kommt. Die Behauptung, daß Mutterliebe ein Konstrukt sei, genügt dafür nicht, sondern kann allenfalls erklären, weshalb die Welt so bunt ist. Die eigentliche Erklärung bemüht denn auch eine Universalie: Die größte Kränkung »des Menschen« sei das Bewußtsein seiner eigenen Sterblichkeit, und diese Kränkung werde dadurch gemildert, daß die Mutter den Tod selbst verhängt, »entweder gegenüber sich selbst beim Selbstmord oder gegenüber etwas, was sie fälschlich als Teil von sich erkennt, dem Kind«. Über diese seelenakrobatische Leistung – der Mutter, der Interpretin, »des Menschen« – kann man freilich nur staunen.

Die Befragung einer Biologin[4] hätte vielleicht weitergeholfen. Sarah Blaffer Hrdy zeigt uns, daß es auch im Tierreich mit dem »Beschützertrieb« nicht so einfach bestellt ist, wie man sich das im kulturalistischen Milieu zuweilen vorstellt. Auch im Tierreich gibt es die Vernachlässigung oder gar Tötung des Nachwuchses. Sie ist eine angeborene, ›genetisch belohnte‹ Verhaltensdisposition, die in bestimmten Knappheits- und Streßsituationen dafür sorgt, daß eine ›Verschwendung‹ der Fürsorge an hoffnungslose Nachwüchslinge vermieden wird. Entsprechende Belege gibt es bei Primaten sowie bei »Käfern, Spinnen, Fischen, Vögeln, Mäusen, Erdhörnchen, Präriehunden, Wölfen, Bären, Löwen, Tigern, Flusspferden und freilebenden Hunden«.[5] Selbst beim domestizierten Schwein wurde beobachtet, daß die Muttersau gleich nach der Geburt den eigenen Wurf auffrißt, wenn er zu klein ist. Diese Tiere töten ihren Nachwuchs aus Fürsorge für ihren Nachwuchs, das Töten ist ein Teil der Nachwuchspflege. Denn durch die Tötung wird Fürsorge-Kapazität für die anderen Jungen frei bzw. wird ein Zustand neuer Empfängnisbereitschaft hergestellt, der sogleich für ›bessere‹ Fortpflanzung genutzt werden kann. – Auch damit ist noch nichts erklärt, sondern nur eine Fragerichtung eingeschlagen. Für eine Erklärung wäre der kulturelle Anteil an der Verhaltensmodifikation hinzuzudenken, und da ergibt sich ein Befund, der exemplarischen Charakter haben kann.

Die Wahl zwischen den beiden widerstreitenden Dispositionen zur direkten oder zur indirekten Fürsorge wird bei den betreffenden Tieren über sehr mechanisch und sicher wirkende Situationsdetektoren getroffen, ohne daß es einer ›Entscheidung‹ bedürfte. Bei Mäusen und einigen anderen Nagetieren zum Beispiel gibt es den Pregnancy-Block-Effekt (Bruce-Effekt): Wenn der Obermäuserich der Weibchen binnen dreier Tage nach der Konzeption wechselt, führt die Wahrnehmung der fremden Pheromone des neuen Paschas automatisch zu einer Fehlgeburt und damit zur Bereitschaft der Weibchen für chancenreichere Fortpflanzung. Beim Menschen hingegen müssen die Situationen durch die Instanz kulturell bestimmter Definition hindurch verarbeitet werden, damit es schließlich zu einer intentionalen Handlung kommt. Welche Situation als hoffnungslos oder im Gegenteil als jeden Opfers wert eingeschätzt wird und welche Alternative als vielversprechender erscheint, das ist tatsächlich in höchstem Maße eine Frage der kulturellen Konstruktion. Wenn der Erzeuger sich aus dem Staub macht, kann das beim Menschen ähnliche Effekte haben wie bei der Maus. Geht er aber durch äußere Einwirkungen verloren, zum Beispiel in Kriegszeiten, dann kann das hinterlassene Kind bei entsprechender ideeller Besetzung ganz besonderen Wert erlangen.

Zum konkreten Vorgang der Tötung durch Vernachlässigung: Daß Streß der Eltern oder der Mutter zur Tötung oder Vernachlässigung der Kinder beitragen kann, wird jeder Sozialarbeiter bestätigen. Anlass für besonderes Entsetzen sind jedoch Fälle, in denen eine Mutter ihr Kind deshalb vernachlässigt hat, weil sie sich in der Disco amüsieren mußte. Wenn wir uns nicht mit einer Verurteilung der individuellen Vergnügungssucht und der kollektiven Spaßgesellschaft begnügen, sondern nach den Ursachen fragen, stoßen wir auf ein biogenes Paradox. Von entscheidender Bedeutung ist dabei die Ressource ›Zeit‹. Die Mutter vernachlässigt das Kind, da dieses wegen des Zeitmangels der Mutter ohnedies nur geringe Überlebenschancen hat. Der Zeitmangel aber entsteht deshalb, weil Disco und Kirmes erhöhte Reproduktionschancen versprechen, die ja dringend wahrgenommen werden müssen, weil das Kind so geringe Überlebenschancen hat. In der Menschenwelt führt die unbewußte Logik der biologischen Dispositionen in eine absurde Sackgasse. Zu vermeiden ist sie nur, wenn die Verträglichkeit der Parameter und Verhaltensprogramme durch entsprechende kulturelle Koordination hergestellt wird, was in diesem Fall wohl fehlgeschlagen ist.

Zwischenwelten

Ich nenne die Kultur eine Zwischenwelt oder genauer: ein Aggregat von Zwischenwelten. Später werde ich noch auf die Begriffe ›Medium‹ und ›Semantik‹ eingehen.

Der Begriff »Zwischenwelt« entstammt der Gedankenwelt des Sprachwissenschaftlers Leo Weisgerber.[6] Weisgerber, ein Schulhaupt der deutschen Sprachwissenschaft der Nachkriegszeit, gilt heute als hoffnungslos altmodisch. Das liegt nicht zuletzt an seinem Sprachstil, der einem etwas verstaubten Kostbarkeitsideal verpflichtet ist. Typisch ist schon der Titel der von ihm gegründeten, noch heute existierenden wissenschaftlichen Zeitschrift *Wirkendes Wort*. Die kunstgewerbliche Verwendung des Stabreimes könnte fast verdecken, daß es sich hier um die schlagworthafte Zusammenfassung eines ebenso traditionsreichen wie aktuellen Programms handelt: Weisgerber knüpft bei Wilhelm von Humboldt an, der meinte, daß Denken und Sprechen die innere und äußere, subjektive und objektive Seite desselben Vorgangs seien, daß mithin auch jede Einzelsprache eine »Weltansicht« enthalte.[7] Sprache soll im alten Humboldtschen Sinne nicht nur als *ergon*, als Werkzeug zum Übermitteln von Sinn, sondern als *energeia*, d. h. als »Möglichkeitsbedingung von Sinnbildung selbst«, begriffen werden.[8] Damit wurde der Muttersprache eine besondere Rolle bei der Weltkonstituierung zugesprochen – dumm nur, daß es im Falle Weisgerbers die deutsche Muttersprache war, so daß der Eindruck entstehen konnte, hier handle es sich um Deutschtümelei. Weisgerbers Sprachwissenschaft wurde in den späten sechziger Jahren von der Chomsky-Welle weggespült. Zugleich kam aber aus den USA eine radikalisierte Version der Humboldt-Weisgerber-Position, die weder von Humboldt noch von Weisgerber etwas wußte oder wissen wollte: Es war die Sapir-Whorf-These, benannt nach Edward Sapir und Benjamin Lee Whorf, auch als sprachlicher Relativismus oder gar Determinismus bezeichnet. Sprache und Denken gelten als identisch oder zumindest deckungsgleich: Die Sprache, die man spricht (auch hier primär die Muttersprache), bestimmt das Weltbild, das man hat.[9]

Sowohl die Auffassung Weisgerbers als auch die von Sapir/Whorf gehören in den Zusammenhang einer Denkbewegung, die durch den ›linguistic turn‹ am Ende des 19. Jahrhunderts eingeleitet wurde. Man kann sie mit dem Namen Ernst Machs oder Friedrich Nietzsches verbinden, mit dem Fritz Mauthners oder Hans Vaihingers, dann auch mit Tendenzen der Philosophie des Wiener Kreises und Ludwig Wittgensteins und schließlich mit dem epigonalen Abgesang bei Jacques Derrida und seinen Nachahmern.

Aber die Erwähnung dieser Positionen macht es nötig, auch in angemessene Distanz zu ihnen zu gehen. Immer wieder führt der Gedankenduktus zu der irrigen Voraussetzung, es gebe nur eine Sprache, die unveränderlich und überdies die einzige Quelle unserer Informationen sei. So meinte schon Humboldt, daß »der Mensch von der Sprache immer in ihrem Kreise gefangen gehalten wird, und keinen freien Standpunkt außer ihr gewinnen kann«.[10] Diese Gefangenschaftsmetapher liegt zum Beispiel auch dem häufig zitierten Diktum des frühen Wittgenstein zugrunde: »Die Grenzen meiner Sprache sind die Grenzen meiner Welt.«[11] Daß man keinen Standpunkt außerhalb der Sprache haben kann, gilt natürlich nur für den sprechenden Menschen, und da ist es eine Tautologie. Aber der Mensch spricht nicht nur, sondern er handelt auch, ja, Denken und Sprechen sind evolviert als Instrumente erfolgreichen Handelns. Der Handlungserfolg war das entscheidende Selektionskriterium. Über Herkunft und Wesen des Feuers kann man sozusagen evolutionsneutral beliebige Mythen und Philosopheme spinnen, solange sie nicht handlungsrelevant sind. Aber wenn sie zu Handlungen anleiten, setzt eine unerbittliche Erfolgskontrolle ein. Wer versehentlich ins Feuer faßt, wird glücklicherweise von keiner Zwischenwelt daran gehindert, zurückzuzucken. Wenn sein Handeln durch eine falsche Information verursacht war, wird er diese zu korrigieren versuchen. Wenn nicht, wird er (oder die Gruppe, in der er vielleicht mit seiner irrigen Auffassung Erfolg hat) das nicht lange überleben.

Tatsächlich sind die »Grenzen meiner Sprache« ebenso durchlässig für neue Erfahrungen wie für die Wirkungen anderer Sprachen. Empirisch gesehen sind das sogar die Hauptfaktoren für sprachlichen Wandel. Man kann spaßeshalber umformulieren: Die Grenzen meiner Sprache sind die Grenzen meiner derzeitigen Zwischenwelt, und wenn ich an sie stoße, dann versetze ich sie eben; manchmal gelingt es, manchmal mißlingt es.[12] Zu den Wanderzitaten, mit denen man einen panlinguistischen Konsens beschwört, gehört auch Nelson Goodmans Formulierung: »Wir können zwar Wörter ohne eine Welt haben, aber keine Welt ohne Wörter oder andere Symbole.«[13] Ähnlich wie das Wittgenstein-Zitat bedeutet das im Umkehrschluß, daß es außerhalb der Sprache überhaupt keine Welt gibt. Was machen dann die armen Tiere, die keine Sprache haben? Haben sie keine Welt? Das jedenfalls wäre der Einwand eines externen Beobachters, und er würde vielleicht fortfahren: Sie haben vermutlich keine Zwischenwelt. In diesem Sinne wäre dann auch Goodmans Äußerung zu präzisieren: Wir können keine Zwischenwelt haben ohne Wörter oder andere Symbole. Die Wörter und Symbole, d. h. die Vergegenständlichungsleistung der Sprache, erlauben es uns sogar, mehrere Versionen der Welt als Zwischenwelten parat zu halten. Wir können sozusagen Weltkonserven (und zwar, durchaus im Sinne Goodmans, eine Vielzahl davon) herstellen.

Der Begriff der Zwischenwelt hat den Vorzug, daß er schon von der Wortbildung her Anschlüsse nach zwei Seiten vorsieht. Die eine Seite ist unser evoluiertes Nervensystem. Die andere ist die sich wandelnde Umgebung. Aufgabe der Zwischenwelt ist es, diese beiden Größen als eine Art Interface aufeinander abzustimmen. Wenn wir bewußt handeln, handeln wir auf die Zwischenwelt hin. Es gibt zwar auch Situationen, in denen wir direkt auf die Umgebung reagieren, etwa wenn wir auf eine heiße Herdplatte fassen und zurückzucken. Das geht dann, wie wir in der Schule gelernt haben, nicht über die Großhirnrinde (≈ Sprache), sondern übers Rückenmark, wie viele andere elementare Verhaltensweisen und Körperfunktionen, die wir ohne weiteres Nachdenken zu vollführen pflegen. Kritisch wird die Situation beim Blick auf die Übergangs- oder Interaktionszone. Viele unserer Verhaltensweisen sind mitbestimmt durch einen unbewußten oder ›irrationalen‹ Faktor, der uns meist nur bei anderen Menschen auffällt oder wenn wir im nachhinein ins Grübeln über das eigene Verhalten kommen. Die Psychoanalyse hat aus dieser Erfahrung das »Unbewußte« gewonnen. Das ist aber eine irreführende Substantivierung oder Hypostase, die suggeriert, daß es sich dabei um einen eigenen Bereich mit eigenem Leben handelt, über das man dann auch eigene Geschichten erzählen kann. Sachgerechter ist es, wenn wir beim Adjektiv bleiben: Es gibt unbewußte Motive unseres Verhaltens. Das sind Reste, möglicherweise sehr große Reste, die bei der zwischenweltlichen Abstimmungsarbeit übriggeblieben sind und die deshalb nun als besondere Beunruhigung, zuweilen auch Faszination wirken. In der Tradition nannte man das Sünde,

Verbrechen, Irresein und konnte es damit ins Unbeleuchtete abdrängen. Nur in der Dichtung als einem isolierten, von Handlungszwängen abgekoppelten Formulierungsbereich blieben sie immer präsent.

Technik und Kultur

Unter biologischem Gesichtspunkt ist Technik das, was Richard Dawkins als den ›erweiterten Phänotyp‹ bezeichnet.[14] Gemeint sind damit zum Beispiel die Nestbauten der Vögel oder die Dämme der Biber, also Artefakte, die von den Tieren hergestellt werden, auch die Verwendung von Gegenständen als Werkzeuge, so daß man sagen kann, dies sei eine Erweiterung der körperlichen Genexpression in die Umwelt hinein. Ausgerüstet mit den Fähigkeiten des erweiterten Phänotyps, paßt nicht nur der Organismus sich an die Umwelt an, sondern er paßt auch die Umwelt seinen eigenen Fähigkeiten und Bedürfnisse an.

Die technische Bewältigung von Umgebungsproblemen ist sicherlich ein wichtiger innerartlicher Selektionsfaktor mit Selbstverstärkungseffekt: Technisch talentierte Individuen haben einen Reproduktionsvorteil, so daß das technische Talent evolutiv verstärkt wird. Das gilt für die Fähigkeit, an Leckerbissen heranzukommen, und es gilt auch für den direkten Überlebenskampf. Schimpansen benutzen für ihre Kämpfe – zum Beispiel gegen Leoparden – nicht nur Arme und Zähne, sondern gelegentlich auch Äste und Steine.[15] Die Entwicklung zur menschlichen Technik, so immens sie sich gerade in den letzten 200 Jahren beschleunigt hat, könnte mithin als eher quantitativer Trend gedeutet werden. Entsprechend haben die Primatologen die Verwendung von unterschiedlichen Werkzeugen in unterschiedlichen Populationen derselben Spezies auch zum Anlaß genommen, von Primaten-›Kulturen‹ zu sprechen.[16] Das soll ihnen nicht bestritten werden, denn gelegentlich können solche Ausweitungen Sachverhalte in den Blick bringen, die sonst nicht so deutlich zu sehen wären. Allerdings wird man dann wieder durch die Hinzufügung des Adjektivs ›menschlich‹ die Differenz in den Blick nehmen müssen.

Schon auf der Ebene der *technischen* Kultur gibt es eine Eigenheit menschlicher Kultur, die man aufs Ganze gesehen als einen qualitativen Unterschied ansehen kann: Es ist das, was Michael Tomasello mit einem glücklichen Bild als den Ratchet- (Ratschen-, Sperrklinken-) oder Wagenhebereffekt bezeichnet hat. Die Menschen können über Generationen hin eine technische Errungenschaft auf die andere türmen. Das gilt für lange Strecken (Sprache → Schrift → Buchdruck → Bibliotheken → Internet) ebenso wie für kurze (Draisine → Fahrrad → Motorrad). Für diesen Wagenheber-Effekt sind zwei Momente verantwortlich: die Vergegenständlichungsfunktion der Menschensprache und die Plastizität des Umfelds, kurz: das Management der Zwischenwelten.

Die Bedeutung der Darstellungssprache als exosomatisches Speicher- und Planungsinstrument versteht sich fast von selbst. Ohne sie könnten Erfahrungen und Erkenntnisse immer nur sehr rudimentär weitergegeben und innovativ umgesetzt werden. Sie ermöglicht es, exosomatisch Anweisungen zu speichern, zu verändern, zu ergänzen. Das ist ein menschliches Spezifikum. Junge Schimpansen lernen das Nüsseknacken durch Zuschauen und Ausprobieren, und die Beobachter bejubeln es als pädagogische Meisterleistung von größtem Seltenheitswert, wenn die Schimpansen-Mutter dem Jungen die Nuß zurechtrückt.[17] Das war's dann auch.

Damit Technik aber überhaupt wirkungsvoll eingesetzt werden kann, genügt nicht die Tradierung und gegebenenfalls Veränderung des Wissens, sondern es muß auch eine entsprechende gesellschaftliche Organisation ihres Einsatzes hergestellt werden. Wie Marx meinte: Die Produktivkräfte können sich nur in angemessenen Produktionsverhältnissen entfalten. Es genügt nicht, die Dampfmaschine zu erfinden, sondern es muß für ihren wirkungsvollen Einsatz auch ein passendes Wirtschafts- und Sozialsystem konstruiert werden. Hier, so scheint mir, liegt – neben der sprachlichen Fixierung und Tradierung – ein zweiter wesentlicher Unterschied der Tier- und Menschen-Kulturen.

Als Beispiel, wie technische Innovation mit einem Umbau der gesamten Zwischenwelt verbunden ist, sei die Entstehung und Verbreitung von Ackerbau und Viehzucht seit etwa 10 000 Jahren genannt. Geschichtsphilosophien, die hier eine entscheidende Zäsur setzen wollen, können auch aus heutiger Perspektive grundsätzlich bestätigt werden. Rousseaus berühmte Behauptung: »Der erste, der ein Stück Land eingezäunt hatte und auf den Gedanken kam zu sagen ›Dies ist mein‹ und der Leute fand, die einfältig genug waren, ihm zu glauben, war der wahre Begründer der zivilen Gesellschaft«,[18] bedarf nur geringfügiger Nuancierungen (zumal Rousseau im weiteren Verlauf seiner Argumentation betont, daß dieser scheinbar spontane Willkürakt bereits eine Folge vorangegangener Veränderungen war).

Umstritten ist jedoch die rousseauistisch anmutende Vorstellung, daß es zwischen Wildbeutergesellschaften keine Kriege gab oder gibt.[19] Ich bin nicht kompetent, das zu beurteilen, aber da jedenfalls Konsens darüber herrscht, daß es unter Sammlern und Jägern keineswegs gewaltfrei zuging, könnte ein relevanter Teil der Kontroverse auf der schlichten Definitionsfrage beruhen: Welche Art der gewaltsamen Auseinandersetzung zwischen Menschengruppen will man als ›Krieg‹ bezeichnen?

Die intensive Bewirtschaftung des Bodens war jedenfalls verbunden mit starken Veränderungen der gesellschaftlichen Organisation.

Einige Details mögen das illustrieren: Die Notwendigkeit gemeinsamen Bewirtschaftens und die Chancen größerer Erträge führen zu einem starken Bevölkerungswachstum im fruchtbaren Land, die wachsende Bevölkerungsdichte führt zu härteren sozialen Regelungen, das gemeinsame Bewirtschaften führt zu steileren Hierarchien, Spezialisierungen im Feldbau und der Werkzeugherstellung machten Handel möglich usw.[20] Betrachten wir einmal von nahem das, was wir heute Familie nennen: Da gibt es also zunächst den alten Zustand der gemeinsamen Kinderaufzucht: Schon früh in der Hominidenentwicklung hatten die Kinder, um die sich auch der Vater kümmerte, bessere Überlebenschancen.[21] Dieses Verhalten der Väter setzte aber voraus, daß sie überhaupt eine Ahnung hatten, welches ›ihre‹ Kinder waren, und das wiederum setzte eine gewisse Exklusivität der Beziehung zur Mutter voraus. Die entsprechenden Bindungen waren allerdings, wenn man von heutigen Sammlern und Jägern zurückschließen darf, locker und von relativ kurzer Dauer. Immerhin dürfte sich hier auch zwanglos ein zeitweiliges gemeinsames Wirtschaften von Familien ergeben haben. Der Übergang zum gemeinsamen Wirtschaften von Immobilienbesitzern mag sich zunächst ebenso zwanglos ergeben haben – mit immensen Folgen. Die evolvierten Bindungskräfte zwischen Mann und Frau, deren Funktion es war, die Aufzucht des gemeinsamen Nachwuchses für die ersten drei oder vier Jahre zu sichern, sollen nun gemeinsamen Grundbesitz begründen, in der Konsequenz ›bis daß der Tod euch scheidet‹! Der Besitz von Boden, der gemeinsam bewirtschaftet werden muß, macht immobil, macht eine ›Scheidung‹ – wie sie in Sammler- und Jäger-Völkern gang und gäbe ist – zur Katastrophe: Man kann nicht die Hälfte des Bodens mitnehmen. Der gemeinsame Besitz bindet die Frau nicht nur an den Boden, sondern auch an den Mann. Man muß keinen Träumen vom Urmatriarchat nachhängen, um hier den Ursprung einer langdauernden Ungleichheit zu vermuten. Die größere Körperkraft des Mannes ist Tiererbe, entstammt dem Konkurrenzkampf um die Weibchen, war also an andere Männer adressiert. Schon durch die elementare Arbeitsteilung des Sammelns und Jagens wurde sie mit neuer Funktion versehen, und nun befähigt sie den Mann, die dominierende Rolle im ›Haus‹ zu spielen und sich ansonsten für die schwereren Arbeiten aufzusparen. Weil Körperkraft auch Schutz verheißt, wird das den Frauen in der Regel gar nicht so unwillkommen gewesen sein. Weil man nun auf größeren Landflächen größere Wirtschaftseinheiten bearbeiten kann, lohnt es, sich mehrere Frauen zu halten, als Arbeitskräfte und (älter motiviert) als Genverbreiterinnen. – Ich breche ab,[22] will nur darauf hinweisen, daß manche der Umbiegungen von Adaptationen, die mit der Erfindung des Immobilienbesitzes einhergegangen waren, inzwischen wieder weggefallen sind. Entsprechend werden die Ehen auch wieder kürzer ...

Das Beispiel sollte verdeutlichen: Veränderungen der technischen Kultur stellen über ihre Organisationsformen neue Anforderungen an die Verhaltensweisen, und diesen neuen Anforderungen müssen die Adaptationen in irgendeiner Weise Rechnung tragen. Das geschieht, indem die Auslöser der entsprechenden Adaptationen in passender Weise manipuliert werden. Das Besitzbewußtsein zum Beispiel kann über seine ursprüngliche Funktion als Sicherung der sächlichen Ausrüstung auf Territorien, Menschen, Fähigkeiten, Ämter übertragen werden, und schließlich wird auch das geistige Eigentum zur Handelsware. Doch sind die Herausforderungen, die an das Zwischenwelt-System von seiten der Technik gestellt werden, nur ein besonders auffälliges Beispiel. Ähnliche Herausforderungen können aus allen Umweltbereichen heranwachsen, in Gestalt von Seuchen, Klimaveränderungen, selbstgeschaffenen Knappheitssituationen, Bedrohungen durch andere Populationen usw. Eine angemessene Reaktion erfordert immer auch gesamtgesellschaftliche Umbauten und entsprechende Verhaltensänderungen.

Medien, Zwischenwelten, Semantik

Eine Fein- oder gar Neujustierung der Auslöser und Funktionen von Adaptationen ist nur konsensuell möglich. Andernfalls wäre fremdes menschliches Verhalten (und zum Teil auch eigenes) unberechenbar. Selbst wenn ein Fremder wie ein Bruder behandelt werden soll, sollte er das wissen. Auch daß ein glitzernder Stein wertvoller ist als ein Antilopenschenkel oder daß die freundliche Zuwendung einer Frau keineswegs eine Aufforderung zum Geschlechtsverkehr ist (oder vielleicht doch, und wenn ja, unter welchen Voraussetzungen und mit welchen Folgen) – solche Besonderheiten im Verhalten der Menschen im Vergleich zu anderen Primaten machen es nötig, die gemeinsamen Handlungsfelder zu standardisieren.

Vertrauter als der Begriff der Zwischenwelt ist für diese Standardisierungsmethode der Begriff des Mediums. Beide Begriffe unterscheiden sich nur in Nuancen. Während der Begriff der Zwischenwelt den Eigen- und Konstruktcharakter hervorhebt, ist ›Medium‹ eher auf die Materialität bezogen. Aber es handelt sich um zwei Seiten oder Zugänge derselben Sache. Dies jedenfalls dann, wenn man unter ›Medien‹ nicht automatisch die modernen technischen Massenmedien versteht, sondern über Buchdruck und Schrift zurückgeht bis auf die ersten Zeichensysteme verbaler oder auch visueller Art.[23] Die Medien sind dann nicht nur ›Mittel‹, Werkzeuge, die wir nach dem etwas stumpfsinnigen Modell von Sender – Kanal – Empfänger benutzen, um Informationen zu transportieren. Die Eigenaktivität der Medien ist auch nicht nur ein Störgeräusch, sondern sie gibt denjenigen, die sich auf sie einlassen, auch eine Handhabe, um überhaupt mit der Welt umzugehen.

Niklas Luhmann hat in diesem Zusammenhang das überzeugende Bild von den »Gußformen für mögliche Erfahrungen« benutzt.[24] Sie sind das – in jeder Gesellschaft anders geartete – Apriori gesellschaftlichen Handelns, das, was er etwas eigenwillig die ›Semantik‹ einer Gesellschaft nennt: ihren »höherstufig generalisierten, relativ situationsunabhängig verfügbaren Sinn«, ihren »semantischen Apparat«, d. h. den »Vorrat an bereitgehaltenen Sinnverarbeitungsregeln«.[25] Allerdings hat er, soweit ich sehe, nirgends erörtert, in welchem Verhältnis diese kulturellen Gußformen zu den biologisch evolvierten stehen. Vermutlich sind sie einander Umwelt und können einander irritieren, nun gut. Jedenfalls können wir ihm voll zustimmen, wenn er sagt: »Tatsächlich beruht [...] Stabilität (= Reproduktionsfähigkeit) der Gesellschaft in erster Linie auf der Erzeugung von Objekten, die in der weiteren Kommunikation vorausgesetzt werden können.«[26] Wir müssen der Argumentation aber doch noch eine etwas andere Wendung geben. Luhmann wendet sich mit dieser Behauptung gegen den Gedanken, die Stabilität der Gesellschaft beruhe auf Konsens (Habermas). Das ist aber eine falsche Alternative, die eine entscheidende Komponente verlorengehen läßt: Auf überzeugende Weise können ›Objekte‹ nur hergestellt werden, wenn ein Konsens über ihre Existenz oder Relevanz hergestellt wird.

Die Probleme der Realitätskonstruktion, der sprachbasierten Konstruktion von Zwischenwelten, erweisen sich damit ganz wesentlich als Probleme der Plausibilität, und zwar nicht jener kontrollierten Plausibilität, wie sie von wissenschaftlichen Beweisverfahren gefordert wird, sondern jener ›lebensweltlichen‹ Plausibilität, die an Wirtshaustischen, in Industriebetrieben und eben auch in der massenmedialen Zurichtung oder Erzeugung der Realität zu beobachten ist.

Entsprechend den zwei ›Außenseiten‹ der Zwischenwelt hat die Plausibilität dann zwei Quellen: Die eine Quelle ist die problemlösende (oder -lindernde) Kraft der Konstruktion oder, systemtheoretisch gesprochen, die Kraft, Irritationen zu beseitigen. Die andere Quelle der Plausibilität ist das Passen auf angeborene Reizmuster, und dies in zwei Stufen. Die erste Stufe besteht in der direkten Bestätigung unserer angeborenen Dispositionen. Wenn ein Politiker die angeborene Vorsicht gegenüber den/dem Fremden bedient, wirken seine Argumente plausibel, jedenfalls solange keine Hiatus-Reflexion einsetzt.[27] Ähnliches gilt für andere elementare Konstellationen wie sexuelle Partnerwahl, Nahrungsaufnahme, Konfliktverhalten. Die zweite Stufe könnte man mit dem Motto versehen: »Was nicht paßt, wird passend gemacht.« Hier liegt die Hauptleistung der Zwischenwelten/Medien beim Nutzbarmachen von angeborenen Dispositionen für Plausibilisierungszwecke durch *Bedeutungsverschiebung* oder *Bedeutungsübertragung*. Plausibel ist dann auch das individuelle Eigentum an unbeweglichen Sachen oder die Opferung von Soldaten für ›Familien‹-Mitglieder, die sie nie gesehen haben, und plausibel ist dann auch jede Metaphorisierung, die an uralte Einstellungen appelliert. Hier kann die biologische Erbschaft auf ebenso fruchtbare wie verheerende Weise eingesetzt werden.

3 Hiatus

Zu den aufbewahrenswerten Elementen der Lehre Arnold Gehlens gehört der Begriff des Hiatus, auf den schon im Einleitungskapitel hingewiesen wurde. Er bezeichnet die Lücke zwischen
Antrieben (Bedürfnissen, Interessen)[1] und Handlung. Anders
als das Tier, so meint Gehlen, werde der Mensch nicht durch
einen Antrieb sogleich zur entsprechenden Handlung geführt,
sondern zwischen Antrieb und Handlung gebe es eine Lücke
oder auch einen Moment des Innehaltens, eben den Hiatus. Das
wäre die Ursprungsstelle dessen, was wir unter Bewußtsein und
Reflexion verstehen.

Die Technik eines Unterbrechens von Verhaltensprogrammen ist jedoch schon im Tierreich aufzufinden. Jeder Hundehalter kennt die Situation, daß das Tier seinem Instinkt folgen
möchte und durch ein scharfes Kommando dabei unterbrochen
wird (oder auch nicht). Da stehen, durchaus im Sinne der eingangs zitierten Auffassung von William James, zwei Instinkte
miteinander in Konkurrenz, der Antrieb zur Jagd nach dem Hasen oder zur läufigen Hündin und die Unterordnung unter den
Rudelführer. Das ist die klassische Situation, in der zusätzliche
Informationen benötigt werden, damit das Tier sich zwischen
den beiden Instinkten entscheiden kann, in diesem einfachen
Fall etwa Informationen darüber, wie nachdrücklich der Befehl
gemeint war oder ob der Hase nicht schon über alle Berge ist,
vielleicht auch, ob nicht irgendwo ein Versteck ist, in dem man
seinen Lüsten frönen kann. Ähnliches wird jedenfalls von Pavi-
anen berichtet, wo das junge Affenmännchen, das durch eine
strenge Äußerung des dominanten Tiers vom Allotria mit einem
Weibchen abgehalten wird, einen Platz außerhalb von dessen
Blickfeld sucht.

Eine ähnliche Programmunterbrechung, bei der Zusatzinformationen eine Rolle spielen, ist die Spielmarkierung vieler Tiere. Die Spielaufforderung des Hundes oder des Papageis, das Spielgesicht des Schimpansen (eine Frühform unseres Lächelns) sind bekannte Beispiele dafür. Das Knurren wird dann durch entsprechende Gestik relativiert, der Botschaft wird eine zusätzliche Botschaft beigefügt, die lautet: »Dies ist Spiel, nimm's nicht ernst.« An solchen Ansätzen konnte die Evolution ›weiterarbeiten‹.[2] Differenziertere Äußerungen *über* Äußerungen wie »Das glaube ich nicht« oder »Nimm das nicht allzu wörtlich« bleiben dem Menschen vorbehalten. Gar das Abwägen zweier widersprüchlicher Auffassungen oder die Vorratshaltung von Wissen mit begrenztem Gültigkeitsbereich, die Möglichkeit, Propositionen so zu markieren, daß sie intakt bleiben, aber gleichwohl nicht blindlings als handlungsrelevante Informationen verwendet werden, geben der Menschenart eine immense Überlegenheit gegenüber allen Konkurrenten in wechselnden Milieus. Zur Verdeutlichung mag man sich vor Augen halten: Die Familie der Ameisen braucht nicht weniger als 12 000 hochspezialisierte Arten, um die ganze Welt zu besiedeln, der homo sapiens sapiens hingegen schafft das mit nur einer. Ursache dafür ist die Möglichkeit, bedingt wahre Annahmen zu verwalten und damit eine immense Breite exosomatisch verankerter Anpassungsmöglichkeiten zu erwerben. Dies ist nun näher zu erläutern.

Improvisation

Die Grabwespe *Ammophila campestris* legt jedes ihrer Eier in eine kleine Höhle. Sie fängt eine Raupe und bringt sie zum Höhleneingang, inspiziert die Höhle, zieht dann die Raupe hinein und legt schließlich ihr Ei ab. Wenn man während der Höhlen-inspektion die Raupe zwanzig Zentimeter wegzieht, zieht sie sie abermals zum Höhleneingang, um abermals die Höhle zu inspi-zieren. Diese Höhleninspektion erfolgt bis zu vierzigmal, dann gibt die Wespe auf.[3] Solche Kontrollinspektionen haben durch-aus ihren Zweck, sind aber ganz sinnlos, wenn keine Zeit der Abwesenheit dazwischen liegt. Aber das Verhaltensprogramm der Grabwespe enthält keine Anweisung für den Fall, daß sich am Standardablauf etwas ändert. Sie kann die Elemente der Handlungssequenz nicht entkoppeln, um neue Informationen zu berücksichtigen. Sie kann nicht improvisieren.

Die Fähigkeit des Improvisierens ist aber so charakteristisch für den Menschen, daß sie unter den Namen der Freiheit oder der Emanzipation von Naturzwängen sogar zu seinem Haupt-merkmal erhoben wurde.

Beginnen wir bei den Vorstufen. Alle Lebewesen sind darauf angewiesen, Aktionen und Reaktionen in ihrer Umwelt zu pro-gnostizieren. Die Basis sind ›fest verdrahtete‹ Programme. Die Grabwespe verschließt nach ihrer Eiablage die Höhle mit einem genau passenden Steinchen und sorgt so vor für den Fall, daß ein anderes Lebewesen Appetit auf Ei oder Larve haben oder sein eigenes Ei einschmuggeln könnte. Das Verhalten ist als Ergeb-nis der natürlichen Auslese fest programmiert. Dann gibt es bei höheren Tieren Verhaltensprogramme, bei denen ein gewisser Lernanteil vorgesehen ist, etwa welches Gewicht ein Ast aushält, ob eine Beere bekömmlich ist, wie glitschig ein Stein am Bach ist und wo man sich vor Unwettern schützt. Solange es in der Umwelt keine größeren Veränderungen gibt und man sich auch selbst nicht auf Wanderschaft begibt, genügt es, wenn man das in der Kindheit lernt. Der heikelste Bereich ist das Verhalten anderer Lebewesen, das seinerseits Anpassungsspielräume nutzt.

Man muß über das Verhalten von Beutetieren Bescheid wissen und dann auch von Nutztieren und über das der Raubfeinde, die einen fressen könnten, und über das Verhalten von Artgenossen. Auch da gibt es evolvierte, angeborene Indizien, etwa die Silhouette des Raubvogels oder das Wissen um angeborene Ausdrucksbewegungen der Artgenossen oder die Bedeutung eines bestimmten Geruchs beim gegengeschlechtlichen Individuum. Darauf reagiert man, ohne daß es große Rechenprozesse braucht. Aber je differenzierter und variabler das Verhalten der Partner sein kann, desto notwendiger ist es, Vorstellungen über deren Motivlage zu entwickeln, über ihren Informationshorizont und ihre Verarbeitungsweise, damit man das künftige Verhalten errechnen kann. Ob also zum Beispiel der Löwe gerade satt und faul ist oder sich schon im nächsten Moment als schrecklicher Räuber zeigen wird, ob der Gorilla-Silberrücken wohlwollend gestimmt ist und wie wachsam die Antilope ist, die man schlagen möchte.

Bei nichtmenschlichen Primaten haben solche Berechnungen schon einen vergleichsweise differenzierten Stand erreicht. Am ausführlichsten dokumentiert sind die Täuschungsmanöver (anthropomorph: Lügen), mit denen die Tiere einander hinters Licht führen, um sich Vorteile zu ergattern. Es gibt ein regelrechtes Verzeichnis der Beobachtung von taktischen Täuschungen von Primaten.[4] Ich greife gleich eines der raffinierteren Beispiele heraus, die Täuschung eines Täuschenden, in der Nacherzählung von Volker Sommer:

Ein Männchen verzehrte Bananen, deren Versteck niemand sonst kannte, als ein anderer Schimpanse auftauchte. Das Männchen ließ die Leckerbissen sofort liegen, lief ein Stück weiter und schaute Löcher in die Luft. Der Neuling ging weiter, versteckte sich aber – sowie er außer Sichtweite war – hinter einem Baum, um das erste Männchen zu beobachten. Als dieses seine Mahlzeit fortsetzen wollte, war der zweite Mann prompt zur Stelle, jagte den ersten fort und aß die Bananen selbst.[5]

So etwas geht nicht ohne eine rudimentäre ›Theory of Mind‹.

»Theory of Mind (ToM) ist der Versuch, andere und ihre Absichten zu verstehen und dadurch unser eigenes Verhalten vernünftig anzupassen«,[6] also jene Alltagspsychologie, mit der wir mitmenschliches Verhalten einschätzen und berechenbar zu machen versuchen. Beim Menschen entwickelt sich die Fähigkeit, das Verhalten fremder Personen aus deren mentalem Horizont zu beurteilen und zu prognostizieren, im Alter zwischen drei und fünf Jahren. Ein klassisches Experiment: Kinder sitzen beisammen, und der Versuchsleiter legt einen Schokoriegel in ein Kästchen mit Deckel. Eines der Kinder wird hinausgeschickt, der Versuchsleiter legt den Schokoriegel in die Schublade. Dann wird den Kindern die Frage gestellt, wo der Hinausgeschickte nun wohl den Schokoriegel suchen wird. Die jüngeren sagen, in der Schublade, wo er ja nun tatsächlich ist, die älteren sagen, im Kästchen, denn das entspricht dem Wissensstand des Hinausgeschickten.

In der Grundstruktur ähneln solche ›False-belief‹-Aufgaben dem Täuschungsmanöver unseres Affen. Es geht um die Fähigkeit, die irrige Annahme eines anderen *als irrige* in die eigenen Berechnungen einzubeziehen. In diesem Punkt also hätten unsere Fünfjährigen das Intelligenzniveau von Schimpansen erreicht. Oder mit umgekehrtem Blick: Beide sind fähig, die Differenz von eigenem und fremdem Denken zu erkennen, das fremde Denken sozusagen in Anführungszeichen zu setzen.

Was kann da die Darstellungssprache mit ihrer Fähigkeit zur Vergegenständlichung zusätzlich leisten? Es ist fürs erste wohl nur ein quantitativer Zuwachs, die Möglichkeit, eine größere Anzahl fremder Überzeugungen zu rekonstruieren. Aber damit wird zugleich eine qualitative Veränderung eingeleitet. Indem wir diesen fremden Überzeugungen Systemcharakter oder zumindest eine gewisse Dauer und Kohärenz zuschreiben, schreiben wir ihnen den Status eigener Zwischenwelten zu. Solange die Zwischenwelten der anderen mit den unseren übereinstimmen, fällt das gar nicht auf. Wenn aber Abweichungen zu verzeichnen sind, dann treten Kommunikation und Selbstverstandnis in eine kritische Phase. Mit der Kontingenz der fremden Lebenswelt kann auch die eigene unter Kontingenzverdacht geraten. Wenn es mehrere Zwischenwelten gibt, stellt sich unweigerlich die Frage: Welche ist die richtige, welche Zwischenwelt ist das getreuere Abbild der Welt? Die Einsicht in den Zwischenweltcharakter, in die Konstruiertheit unserer Welt, macht sie instabil.

Es sind mehrere Arten der Reaktion auf diese Situation denkbar. Ein sehr wirksames und häufig angewandtes Mittel, die Stabilität zu bewahren oder wiederzugewinnen, ist die Intoleranz: Man erklärt die anderen Welten für falsch, mit all den praktischen Vorkehrungen und Konsequenzen, mit denen das einherzugehen pflegt, vom einfachen Ignorieren bis zu Scheiterhaufen und Krieg. Anderseits ist die Instabilität auch eine Chance, weil sie uns möglicherweise zur Lösung neuer Probleme durch Improvisationen befähigt. Es ist zum Beispiel möglich, daß von zwei konkurrierenden Auffassungen beide ihre Berechtigung haben, allerdings nur in verschiedenen Bereichen oder unter spezifischen Voraussetzungen. Wasser ist flüssig, aber unter bestimmten Voraussetzungen auch fest, so daß auch der normale Sterbliche darauf wandeln kann. Die Leute vom Nachbarstamm muß man verjagen oder töten, aber unter bestimmten Umständen ist es nützlicher, mit ihnen Handel zu treiben. – Um aber produktiv mit unterschiedlichen Auffassungen umgehen zu können, brauchen wir entsprechende Instrumente.

Ein solches Instrument beschreiben die Evolutionären Psychologen John Tooby und Leda Cosmides unter dem Namen ›scope syntax‹.[7] Menschen können nicht nur Informationen speichern und austauschen. Sie können solche Informationen auch mit Zusatzinformationen (Metainformationen) über ihren Geltungsbereich versehen.

Die Metainformationen erlauben es, sehr produktiv mit Informationen umzugehen, die nur für einen bestimmten Raum oder eine bestimmte Zeit oder unter bestimmten Bedingungen gelten. Sie erlauben ferner, statistische Informationen hinzuzufügen, aus denen Grade der Zuverlässigkeit hervorgehen (Modalitäten wie ›sicher‹, ›wahrscheinlich‹, ›vielleicht‹), ferner Quellenangaben, die einer Information unterschiedliche Grade der Verbürgtheit zuweisen. Idealerweise wird jede Information mit einem Tagging versehen, sozusagen mit einem jener gelben Klebezettel, auf denen die Metainformation steht, unter welchen Bedingungen sie gilt.

Das macht es möglich, den Wissensbestand über die sächliche Welt elastisch und doch präzis zu handhaben. Zum Beispiel: Im Winter ist die Welt eine andere als im Sommer. Bären verschlafen den Winter, viele Vögel fliegen in den Süden. Das sind sehr probate Problemlösungen. Wer sie nicht zur Verfügung hat, muß sich damit arrangieren, daß es im Winter kalt ist und im Sommer warm. Doch auch für die meisten daheimgebliebenen Tiere ist das kein kognitives Problem; ihr Pelz wird im Winter von selbst dichter, und die Vorratshaltung folgt einem festverankerten Programm. Das Eichhörnchen sammelt seine Nüsse, weil es gar nicht anders kann; es kann sich nicht einmal merken, wo das Futter vergraben ist, sondern findet es nur ›zufällig‹ wieder.

Aber der Mensch kann mit ganz anderen Planungszeiträumen operieren, weil er auf Nichtvorhandenes (wie den Winter im Sommer) referieren kann, und das auch noch in Bedingungssätzen: »Wenn es Winter wird, brauchen wir warme Kleidung und Vorräte.« Der Mensch kann auch den Zuverlässigkeitsgrad von Informationen vermerken: »Edek, ein bekannter Aufschneider, hat behauptet …« oder: »Das weiß ich aus eigener Erfahrung.« Und er kann auch Unsinn speichern: »Katzendreck vertreibt Warzen, aber nur, wenn er bei Vollmond vom Friedhof geholt wird.« Das Netz von Wenn-dann-Beziehungen, das über die Welt geworfen wird, ermöglicht es, hypothetische und kontrafaktische Annahmen durchzuspielen, Vermutungen über mögliche Folgen von Handlungen unter hypothetischen Bedingungen anzustellen und sehr differenzierte Planungen vorzunehmen für den Fall, daß die Bedingung A oder aber die Bedingung B eintritt.

Informationen können auf diese Weise von aktuellen Handlungsnotwendigkeiten abgekoppelt und im Sinne einer Vorratshaltung für Handlungsoptionen schematisiert werden.

So kommt es, daß die Menschen mit und in großen neuen Bibliotheken von Repräsentationen leben, die nicht einfach als wahre Informationen gespeichert werden. Es sind die neuen Welten des ›Das könnte wahr sein‹, ›Das ist woanders wahr‹, ›Das war einmal wahr‹, des ›Was andere glauben, sei wahr‹, des ›Wahr nur, wenn ich das tue‹, des ›Nicht wahr hier‹, des ›Was andere wollen, daß ich glaube, sei wahr‹, des ›Das wird eines Tages wahr sein‹, des ›Sicher ist es nicht wahr‹, des ›Was er mir erzählt hat‹, des ›Es scheint wahr auf der Basis dieser Behauptungen‹ und so weiter und so weiter.[8]

Ein Musterfall der Anwendung solcher bedingten Überzeugungen ist zum Beispiel die Erklärung von Handlungen in fremden

Zeiten oder Kulturen aus den fremden Überzeugungen, wie sie von Geschichtswissenschaft und Ethnologie, jedoch auch im Alltag betrieben wird. Weshalb haben die deutschen Kaiser immer wieder die Tortur auf sich genommen, sich in Rom krönen zu lassen? Weshalb hat Othello Desdemona ermordet? Aber auch: Weshalb trägt Aische ein Kopftuch? Es ist die Kenntnis fremder Überzeugungen, die uns eine Erklärung dieser Verhaltensweisen erlaubt. Doch auch unser eigenes Verhalten wird von solchen Geltungseinschränkungen geregelt, wenn wir unser Handeln auf wechselnde Umstände einstellen. Hierin liegt die eigentlich menschen-spezifische Fähigkeit, die für die immense Erfolgsgeschichte unserer Art verantwortlich ist, die Fähigkeit nämlich, einen riesigen Vorrat an (ganz unterschiedlich) bedingt ›wahren‹ Informationen zu verwalten.

Seitenblick zur Philosophie

Daß Menschen ihre Informationen mittels Metainformationen ›taggen‹ können oder daß sie überhaupt Distanz herstellen können zwischen den Auffassungen, die sie für aktuell wahr halten, und anderen Auffassungen, die zumindest problematisch sind, ist grundsätzlich keine Erkenntnis, auf die nur die Evolutionäre Psychologie gekommen wäre. Der Psychologe Wolfgang Prinz verwendet dafür zum Beispiel den Begriff der ›dualen Repräsentation‹ und reserviert ihn gleichfalls für ein Spezifikum menschlicher Kognition. Er bezeichnet damit die »Fähigkeit zur Vergegenwärtigung abwesender Sachverhalte«, verbunden mit der »Fähigkeit zur getrennten Repräsentation von Wahrnehmung und Vergegenwärtigung«. Denn mit der Möglichkeit der Vergegenwärtigung des Abwesenden sei unabdingbar die Notwendigkeit verbunden, zwischen aktuell wichtigem Wissen und abgespeichertem Wissen zu unterscheiden, damit angemessene Handlungsoptionen entwickelt werden können.[9] Dieses Konzept der dualen Repräsentation ließe sich mit der Cosmides-Tooby-Position verknüpfen, die allerdings weit mehr Modalitäten vorsieht.

Ich werfe im folgenden einen Blick auf zwei philosophische Konzeptionen, für die die Unterscheidung von Information und Metainformation konstituierend ist, nämlich die von Jürgen Habermas und die von Karl R. Popper. Beide stehen sich in diesem Punkt näher, als sie und ihre Anhänger seinerzeit im ›Positivismusstreit‹ dachten.

Habermas ist ein Vertreter der Konsensus-Theorie der Wahrheit. Das Gespräch über die Geltung von Aussagen heißt bei ihm ›Diskurs‹. Für Habermas steht dabei das Ideal einer herrschaftsfreien Kommunikationsgemeinschaft im Vordergrund, in der die verschiedenen Positionen ihre Auffassungen mit Gründen zu rechtfertigen versuchen. Der Konsensus verdankt sich also nicht dem Zufall, sondern ist »begründeter Konsensus«.[10] Da Habermas jedoch seine sprachimmanente Perspektive nicht verläßt und nach Philosophenart Begründungen sucht statt Erklärungen, entsteht ein Begründungszirkel. Auch der Diskurs muß sich ja an Wahrheit orientieren, wenn er nicht zu zufälligen Ergebnissen führen soll, und das heißt, Habermas setzt die Wahrheit bereits voraus, die er erst begründen will. Um diesem Zirkel zu entgehen, setzt er auf eine letztlich ethische Qualität, nämlich die »rationale Motivation«.[11] Wenn das keine bloße Gesinnungsqualität sein soll, stolpert er damit allerdings in den anderen Zirkel, den der Normbegründung durch Norm. In diesem Zirkel müssen wir ihn allein lassen. Denn man kommt nur aus ihm heraus, wenn man außer dem Konsens noch das Kriterium der angemessenen und erfolgreichen Handlung ins Spiel bringt. Da ist Habermas leider nur halbherzig.

Karl Raimund Poppers Wissenschaftslehre markiert zwar scheinbar das Gegenteil von Habermas' Position, nämlich die Korrespondenz-Theorie, aber es gibt bei ihm eine Position, die dem Habermasschen Diskurs ganz ähnlich ist: die Argumentation.[12] Popper schließt dabei an Karl Bühlers Lehre von den drei Grundfunktionen der Sprache (Kundgabe, Appell, Darstellung) an. Für Popper sind die ersten beiden Funktionen (er nennt sie die ›expressive‹ und die ›Signalfunktion‹) charakteristisch für Tiersprachen, während er die dritte, die deskriptive oder Darstellungsfunktion, für ein menschliches Spezifikum hält.[13] Popper fügt diesen Funktionen jedoch noch eine vierte hinzu, die *argumentative*. Sie ermögliche uns, deskriptive Aussagen zum Gegenstand der Rede zu machen und sie zu kritisieren. Auch hier geht es also um eine Metaebene, auf der Geltungsfragen verhandelt werden.

Beide, Habermas wie Popper, argumentieren philosophisch und stehen damit vor dem Problem, wie man sich die Begründung von Entscheidungen auf dieser Metaebene denn nun vorzustellen hat. Muß über (unter) die Metaebene dann noch eine Metaebene gelegt werden usw.? Habermas stößt bis zu der These vor, daß die letzte Metasprache dann doch die Umgangssprache sei. Für Popper ist das Prinzip der kritischen Prüfung immer mit der (möglichen) Konfrontation mit empirischen Basissätzen verbunden. Beide nähern sich damit der Auffassung, daß die letzte Instanz in der Lebenswelt, im praktischen Handeln zu suchen sei. Aber sie haben zu große Vorbehalte gegenüber einer instrumentalistischen Position (vgl. S. 124), um eine biologische Erklärung anzuvisieren.

Bewußtsein, Emotionen

Gehlen, Cosmides und Tooby, Habermas, Popper – die Referenzen sind heterogen genug, um zu belegen: Es gibt eine Art von bioanthropologischem Konsens darüber, daß Menschen in besonderem Maße fähig sind, Verhaltensprogramme zu unterbrechen, ihre Bestandteile zu entkoppeln, um neue Informationen in die Berechnungen aufzunehmen und alternative Verhaltensweisen zu erwägen. Grundsätzlich sind zwar Unterbrechungen auch bei höheren Tieren beobachtbar. Man kann sagen, daß die Sollbruchstellen der Verhaltensprogramme Erbe unserer Vorfahren sind. Aber eine ganz neue Dimension erhält diese Fähigkeit durch die spezifisch menschliche Art der Informationsverwaltung. Die Informationen werden in den kulturellen Zwischenwelten für den Gebrauch durch unser Nervensystem präpariert und aufbewahrt. Auf diese Weise wird das menschliche Verhalten tatsächlich durch einen ständigen Austausch von ererbten Adaptationen und zwischenweltlichen Informationsangeboten bestimmt.

Dieser Mechanismus hat dann seinerseits Folgen für das Innenleben der handelnden Subjekte. Es geht um das ›Bewußtsein‹. – Zu diesem Begriff gibt es eine ganze Bibliothek, die von den verschiedensten Fächern beliefert worden ist und die zu ganz wesentlichen Teilen aus Definitionsbemühungen besteht, mit denen der Sachverhalt der eigenen Konzeption der Welt einverleibt werden soll. Grund genug, hier den einfachen Weg einer Nominaldefinition zu gehen: Bewußtsein ist eine vom Philosophen Christian Wolff im 18. Jahrhundert geprägte Übersetzung für *conscientia*, was soviel wie Mit-Wissen bedeutet. Bewußtsein wäre demnach ein Begleitwissen. Das läßt sich auf die eben entwickelten Überlegungen recht schlüssig anwenden. Die passive Form des Bewußtseins ließe sich als Wahrnehmung des Betriebsgeräusches dieser Koppelungs- und Entkoppelungsvorgänge beschreiben. Es wird dann nicht nur Welt wahrgenommen und verarbeitet, sondern auch der eigene Wahrnehmungs- und Verarbeitungsmodus. Als Aktivität wäre jene Denkaktivität auf der Metaebene zu bestimmen, die über die Anwendung der je aktuellen Information und damit über die Auslösung des entsprechenden Verhaltensprogramms entscheidet. – Wir nähern uns dem Problem des ›Ich‹, werden es aber erst im letzten Kapitel angehen.

Ähnlich ist das, was wir unter dem Namen der Emotionen kennen, ein Ergebnis des Entkoppelns von Verhaltensprogrammen. Man kann mit guten Gründen annehmen, daß erst der Hiatus Emotionen freisetzt, mithin erst der Mensch Emotionen in einem ausgeprägteren Maße hat (wieder einmal mit Ansätzen bei den gemeinsamen Primaten-Ahnen und noch davor). Einschlägig ist hier eine These von Klaus R. Scherer, der den Kern einer Emotionstheorie mit dem Vorgang des ›decoupling‹ verknüpft hat.[14] Das ist etwas gewöhnungsbedürftig, weil wir intuitiv Emotion mit spontanem Handeln assoziieren. Aber daß sich Emotion überhaupt als eigene Instanz geltend machen kann, setzt ja voraus, daß keine bloßen Reflexhandlungen vorliegen. Wenn ich mir den Finger verbrenne und zurückzucke, gibt es zwischen Reiz und Reaktion keine Lücke; es gibt da weder für rationale Erwägungen noch für Emotionen irgendwelchen Raum. Oder eben: Es gibt keinen Hiatus. Das Entkoppeln aber schafft eine Latenzzeit, in der probeweise Schlußfolgerungen gezogen, optimale Verfahrensweisen ausgewählt und Problemlösungen genereller Art vorbereitet werden können oder in der auch nur abgewartet wird. Das ist dann das Reich der Emotionen. Emotion in diesem Sinne impliziert immer auch

Selbstwahrnehmung und Bewertung, ist also stark unterschieden von irgendwelchen primären Reaktionen, vielmehr Teil eines kognitiv-emotionalen Verarbeitungsprozesses. Verhaltensprogramme, die, wie bei der Grabwespe, mechanisch ablaufen, haben sozusagen überhaupt keinen Platz für Emotionen. Erst wenn ein Hiatus auftritt, also der Antrieb eine gewisse Selbständigkeit erlangt, können Emotionen spürbar werden. Vielleicht sogar bei der Grabwespe, wenn sie nach dem vierzigsten Versuch aufgibt. Emotionen entstehen aus Antrieben, die (noch) nicht in Handlungen umgesetzt sind.

Man kann also Gehlens Hiatus-Begriff in dieser Weise modernisieren: Im kognitiven Bereich manifestiert er sich als die Möglichkeit, Informationsdomänen flexibel zu verwalten. Im emotiven Bereich ist es die Latenzzeit zwischen Stimulus und Response, die überhaupt erst ein Bewußtsein von Emotionen ermöglicht. Das entspräche dann etwa auch dem Bewußtseinsbegriff, den man bei Joseph LeDoux finden kann: »Bewusstseinszustände treten auf, wenn das System, das für Bewusstheit verantwortlich ist, der Aktivität gewahr wird, die in unbewussten Verarbeitungssystemen vor sich geht«, und das ist immer der Fall, wenn zwischen Antrieb und Handlung ein Hiatus auftritt.[15]

4 Kulturelle Universalien, universelle Dispositionen

Wenn man das Verhalten der Menschen als Ergebnis eines Zusammenspiels von biologischen und kulturellen Faktoren auffaßt, dann gewinnt das Problem der Universalien aktuelle Bedeutung: Gibt es Eigenschaften, Fähigkeiten, Absichten, Institutionen, die allen Menschen gemeinsam sind? Wenn wir uns erst seit 70 000 Jahren über die Erde verstreut haben, dann wäre es eher verwunderlich, wenn es solche Gemeinsamkeiten nicht gäbe. Die Kontroversen um das Universalienproblem spielten und spielen sich in ganz verschiedenen Begriffs- und Gegenstandswelten ab, im mittelalterlichen Universalienstreit und seinen Nachfolgern, in der Linguistik (›Universalgrammatik‹), im Zusammenhang der Frage nach einer universalen Ethik (Habermas'/Apels ›Diskursethik‹, Küngs ›Weltethik‹), aber auch bei der Frage nach dem ontischen Status der biologischen Spezies.[1]

Universalien als ethnologisches Problem

Für den Zusammenhang zwischen biologischen und kulturellen Faktoren des Verhaltens wären vor allem die Erfahrungen der Ethnologen von Bedeutung. Doch diese Erfahrungen waren nicht selten durch ideologische Vorwegnahmen getrübt. Es war die amerikanische Ethnologen-Schule um Franz Boas (1858-1942), die strikt darauf bestand, daß jede Kulturgruppe ihre einmalige Geschichte und Individualität habe. Hintergrund für die sehr entschiedene kulturalistische Einstellung des Kreises um Boas war die Eugenik-Bewegung, die in den USA damals ebenso bedenkliche Züge trug wie in Europa, sowie ethnologische Vorstellungen aus dem 19. Jahrhundert, die bei der Untersuchung fremder Kulturen den weißen Europäer, auf den sich die Entwicklung dieser anderen Völker hinbewegte, als Norm setzten, von der die anderen abwichen. Man kann die Boas-Schule als ein spätes Seitenstück des deutschen Historismus auffassen, der von Boas nach Amerika gebracht worden war. Leopold von Rankes berühmte Formel, daß jede Epoche »unmittelbar zu Gott« sei (und nicht etwa bloße Zwischenstation auf dem Weg der Geschichte zu Gott, der Nation oder zur klassenlosen Gesellschaft), und Wilhelm Windelbands und Heinrich Rickerts Unterscheidung von ›nomothetischen‹ Naturwissenschaften und ›ideographischen‹ Kulturwissenschaften fanden hier ihre Entsprechung in der Auffassung, daß jede Kultur in ihrer eigenen Existenzweise wahrgenommen werden solle. Boas selbst nahm durchaus noch eine Unterlage universeller Verhaltensdispositionen der verschiedenen Völker an. Aber dann geriet die amerikanische Ethnologie ins Fahrwasser des Behaviorismus, jener psychologischen Lehre, die die Psyche für ein Dressurprodukt von beliebiger Plastizität hielt. Der Kulturindividualismus entwickelte sich zu einem Dogma, das den Gedanken an Universalien aller menschlichen Kultur geradezu als unmoralisch verwarf und schließlich in einem radikalen Kulturrelativismus kulminierte. – De facto läßt sich der Rekurs auf kulturübergreifende Kategorien jedoch nicht vermeiden: Die bekanntesten Analysen und Darstellungen aus der Boas-Schule, von Margaret Mead und Ruth Benedict, sind (übrigens hemmungslos wertende) Kulturvergleiche – wie will man vergleichen, was nichts Gemeinsames hat? Oder noch eins weiter gedreht: Wie will man überhaupt sprechen, ohne Allgemeinbegriffe zu verwenden? Ganz abgesehen davon, daß auch der Kulturrelativismus schnell in Essentialismus umkippt, wenn den Kulturen ein je individueller Nationalgeist unterstellt wird.

Neben diesem Mainstream gab es aber auch abweichende Tendenzen. So hat zum Beispiel George Peter Murdock einen gemeinsamen Nenner aller Kulturen herauszufinden und in einem Stichwortkatalog festzuhalten versucht.[2] Eine ähnliche und weit ausführlichere Liste hat Donald Brown vorgelegt, und auf dieser Basis gab es weitere Listen.[3] Es handelt sich dabei zumeist um bewußt unsystematisch (zum Beispiel alphabetisch) angeordnete, ›aufgeraffte‹ Kategorien unterschiedlichster Ebenen wie Geschichtenerzählen, Jahreszeiten, Status und Prestige, Trauerrituale, Spielzeuge usw. Das hat beim gegenwärtigen Stand unseres Wissens durchaus Sinn, kann aber nur ein vorläufiger Zustand bleiben.

Spätestens wenn wir die Dinge etwas systematischer ordnen wollen, stoßen wir auf das Problem, daß der Begriff der Universalien selbst recht diffus ist und in unbearbeiteter Form nur als Kübel für Allerlei taugt. Schon die einfachste Bestimmung, daß als universal das gelten soll, was in allen Kulturen vorkommt, trägt ein Päckchen problematischer Implikationen mit sich. Bronislaw Malinowski legte die Schicht des allen Menschen Gemeinsamen sehr tief und kann damit gar nicht ins Umstrittene geraten, wenn er die Bedürfnisse sehr konkret bei Hunger, Harn und Stuhlgang ansetzt und dann anderseits, wenn es um die kulturellen Formen (die ›Kulturreaktionen‹) geht, zu sehr allgemeinen Bestimmungen wie Ernährungswesen, Verwandtschaft, Wohnung usw. greift. Alle menschlichen Kulturen haben (sehr verschiedene) Sprachen, Werkzeuge, Regelungen der Sexualität, der Kinderaufzucht, des Nahrungszugangs … Aber konkretere, weniger triviale Universalien, die in einem strikten Wortsinne überall gelten, sind kaum aufzufinden. Selbst das Inzesttabu, besser: die Inzestvermeidung, die zu den Standardbeispielen für Universalien zählt, kennt Ausnahmen und ist insofern nur mit

Einschränkungen universell. Man behilft sich deshalb mit etwas dubiosen Konstruktionen wie Quasi-Universalien, Fast-Universalien, akzidentellen, relativen Universalien ...[4] Auch in vorliegendem Traktat wird man bei manchen Generalisierungen ein verschämtes »(fast)« finden.

Universalien als biologische Dispositionen

Der Grundtenor meiner Argumentation legt es nahe, eine biologische Erklärung der Universalien zu suchen, und zwar eine, die auch diese etwas unbefriedigende theoretische Situation erklärt. Christoph Antweiler, maßgebliche Autorität in Sachen ethnologischer Universalien, warnt davor, universale Verbreitung vorschnell auf genetische Ursachen zurückzuführen. Es bestehe immer die Möglichkeit, daß ähnliche Probleme zu einer Konvergenz der Lösungen geführt haben, ohne daß genetische Faktoren direkt verantwortlich waren. Der (fast) universelle Gebrauch des Feuers oder das Kochen von Wasser lassen sowenig auf ein spezielles Feuer- oder Kochen-Gen schließen wie das universelle Abschießen von Pfeilen mit der Spitze zum Ziel auf ein spezielles Spitze-zum-Ziel-Gen.[5] Gleichwohl wird man universelle Fähigkeiten voraussetzen können: Ein bestimmtes Maß an handwerklichem Geschick, Beobachtungsfähigkeit, Schlußfolgerungsvermögen, Lernfähigkeit usw., dazu ähnliche Absichten und Bedürfnisse. Ob es daneben noch andere, konkretere, stärker einzelproblemgebundene genetische Voraussetzungen gibt, wird gleich noch zu erörtern sein.

Die meisten grundsätzlichen Widerstände gegen die Annahme von Universalien resultieren daraus, daß Universalien sogleich als normativ aufgefaßt werden. Aber dieser Vorbehalt bezieht sich auf ein vordarwinsches Universalienkonzept. Für die Universalien gab es da keine irdische Begründung, sie waren einfach da und hatten ihre Gültigkeit, und jede Abweichung galt als Fehlform. Da heißt es dann (in gewisser Weise sogar noch bei Apel und Habermas): ›Wen solche Lehren nicht erfreuen, der verdienet nicht, ein Mensch zu sein.‹ – Es ist verständlich, daß seit den Tagen des Sturm und Drang und bis in die Postmoderne immer wieder Protest wider diesen ›Terror der Vernunft‹ laut wurde.[6]

Die normative Komponente entfällt aber spätestens in dem Moment, in dem man vom transzendentalen Subjekt oder der Gottebenbildlichkeit (die Variation nur als ›diabolische‹ Abweichung von der Norm fassen kann) auf biologische Empirie umstellt (was einige Ethiker nun wieder bedauern werden). Als gemeinsame Grundlage des Verhaltens aller Völker können wir dann einen gemeinsamen *Dispositionen*-Vorrat annehmen, der in prähistorischer Zeit angelegt wurde und der nun in unterschiedlichen Situationen zu variierendem manifesten Verhalten führt. Dabei werden dann in unterschiedlichen kulturellen Kontexten einige Dispositionen stärker, andere weniger stark und manche vielleicht überhaupt nicht zur Geltung kommen.

Das wahrhaft Universelle liegt also in einem Bereich, der dem direkten Zugriff nicht zugänglich ist, weil es für sich genommen nur als Potenz existiert. Es muß erschlossen werden. Hier kommt natürlich sogleich der Einwand, daß das also alles Spekulation sei. Es ist nicht ohne pikante Note, daß dieser Einwand zumeist von Geisteswissenschaftlern kommt. Tatsächlich gibt es in diesem Bereich keine sicheren Beweise wie in der Mathematik (oder in anderen durchtautologisierten Wissensspielen …). Aber das gilt für alle Wissenschaften, die sich um empirischen Gehalt bemühen! Immerhin ist mit gegenwärtiger humanwissenschaftlicher Forschung, den Beobachtungen einer Vielzahl von Stammeskulturen, den Befunden der Paläontologie und dem Theorierahmen der Evolutionstheorie ein engmaschiger Raum wechselseitiger Kontrollen (Konsistenzprüfungen, Kontrollpeilungen) abgesteckt.

Ein wichtiger, noch zuwenig ausgeschöpfter Indizienbereich kann schon im Anschluß an die eben genannten Beispiele erwähnt werden: Es ist das Spiel.[7] Daß die Zähmung des Feuers vermutlich nicht eine reine, immer wieder neu vorgenommene Leistung der allgemeinen Intelligenz ist, kann man daraus ableiten, daß Kinder in (fast) allen Kulturen die Neigung haben, mit dem Feuer zu spielen, obwohl es Schmerzen verursacht und obwohl ihnen das mit guten Gründen verboten wird. »Erdbeben und Wasserfluten sind nur schrecklich. Man käme nicht auf die Idee, mit ihnen ›spielen‹ zu wollen. Dagegen steckt in vielen, wenn nicht den meisten Menschen ein fast magisches Bedürfnis, sich mit dem Feuer zu beschäftigen, es zu beherrschen.«[8] Es ist zu vermuten, daß die Neigung, Feuer zu zähmen, zum menschlichen Adaptationenschatz gehört, der im Spiel geübt und ausgebildet wird. – Ein ähnlich wichtiger, doch ähnlich wenig erschlossener Indizienbereich wäre die Dichtung. In ihr können alte Aufmerksamkeitsstrukturen und alte emotionale Dispositionen in einer Art ›Urform‹ aufbewahrt oder reaktiviert werden, weil sie von aktuellen Handlungszwängen entlastet sind. Wenn wir's nicht eh schon wüßten, dann könnten zum Beispiel die Dichtungen aller Zeiten und Völker den Gedanken nahelegen, daß Liebe eine universelle Disposition ist. Dazu gleich mehr.

Der Blick auf Spiel und Dichtung kann aber nur als ergänzende Heuristik zu einer Hauptmethode hinzutreten, nämlich zum ›reverse engineering‹.[9] Das ›reverse engineering‹ läßt sich von zwei Fragen anleiten:

Die erste Frage ist die nach dem Entstehungszusammenhang einer vermuteten Adaptation. Daraus lassen sich zwei Unterfragen ableiten: (1a) Welchen adaptiven Wert hatte die betreffende Eigenschaft (welches Dauerproblem löst diese Adaptation)? (1b) Wie war der Selektionsmechanismus beschaffen, der zur Herausbildung der Eigenschaft geführt hat? Das sind die Fragen nach der ultimaten Verursachung, d. h. nach der Entstehung der Adaptation.

Die zweite Frage ist die nach dem Wirkungszusammenhang: (2a) Wie sieht der Wirkungsmechanismus aus, der auf diese Weise entstanden ist? Und schließlich: (2b) Wie ist dieser Wirkungsmechanismus (unabhängig von seinem Entstehungszusammenhang) in die betreffende Kultur integriert?

Als Beispiel wähle ich ein sehr fundamentales Dauerproblem: Zur Zeugung gehören bei zweigeschlechtlichen Arten immer zwei Individuen; und der neugeborene Mensch hat eine extrem lange Aufzuchtzeit. Es erscheint rationell, wenn zur Aufzucht der Vater in stärkerem Maße mit herangezogen wird, als das bei anderen Lebewesen der Fall ist. Daraus entsteht eine Reihe von Folgeproblemen. – Das ist der Entstehungszusammenhang der Adaptation oder des Adaptationenbündels, das wir Liebe nennen.

Das Beispiel Liebe

Liebende halten ihr Gefühl für universell und ewig. Abgebrühte Mentalitätshistoriker hingegen wissen, daß auch die Liebe historisch ist. Und die Neophyten des Kulturrelativismus krähen, daß sie überhaupt erst im europäischen 18. Jahrhundert erfunden wurde. Oder schon um 1200? Oder in der Spätantike?

Biologisch orientierte Kritiker jedenfalls haben gegen solche Fixierungen in der europäischen Geschichte Stellung bezogen. Sie glauben, die ›romantische Liebe‹ bei vielen, wenn nicht allen Völkern nachweisen zu können. Ein gewisses Problem ist dabei, daß der Begriff der romantischen Liebe etwas undifferenziert ist – er hat in diesem Gebrauch jedenfalls nichts mit der Literaturepoche der Romantik zu tun, sondern bedeutet so etwas wie Liebe auf hohem emotionalen Level, bezogen auf eine unauswechselbare Person. Um terminologische Verwirrung zu vermeiden, schließe ich mich Dorothy Tennov an, die für diesen Zustand das Kunstwort »Limerenz« gebildet hat.

Über die Eipo in West-Neuguinea berichtet Wulf Schiefenhövel:

Was sich in einer solch kleinen Gemeinschaft an Eifersuchtsdramen abspielt, an wilden Liebesgeschichten voller Erotik und Sexualität, an physischer Gewalt, kann sich vermutlich nur der vorstellen, der nicht der Meinung ist, daß durch Sehnsucht und Liebe überformte Sexualität ausschließlich ein Produkt der europäischen Romantik sei. Frauen und Männer kämpfen um ihre Wunschpartner mit allen Mitteln: Männer entführen verheiratete Frauen in deren Einvernehmen, Frauen initiieren und stimulieren sexuelle Affären, nicht zuletzt durch packende, in ihrer Metaphorik homerisch zu nennende Liebeslieder. Und die meisten werden von der Gesellschaft für ihre extramaritalen Eskapaden bestraft oder zumindest zur Rechenschaft gezogen.[10]

In einem Sammelband haben Fachleute aus allen erreichbaren Weltgegenden ihre Erfahrungen zusammengetragen und die (fast) universelle Verbreitung der Liebe, der ›romantischen‹, leidenschaftlichen, individualisierten, überzeugend dargetan.[11]

Neben solchen Bestandsaufnahmen gibt es auch ein evolutionäres Argument für die universelle Disposition zur Limerenz, das von Kulturalisten naturgemäß nicht berücksichtigt wird und deren Argumentation geradezu ins Gegenteil wenden könnte: Limerenz wäre demnach nicht eine Konstruktion der Moderne, die sich in den letzten 200 Jahren gegen die Konventionsehe durchgesetzt hat, sondern sie wäre die ursprüngliche Art menschlicher Zwiegeschlechtlichkeit, die in der Moderne wieder zur Geltung kommt. Aus der Lebensweise heutiger Sammler und Jäger nämlich läßt sich erschließen, daß in vorgeschichtlicher Zeit zwar die Eltern die Erst-Ehen gestiftet haben, daß aber die meisten derartigen Partnerschaften wieder aufgelöst wurden und die Getrennten dann selbständig einen zweiten und häufig auch einen dritten Partner wählten. »Über Jahrmillionen hinweg heirateten unsere Vorfahren hauptsächlich aus Liebe«[12] – kein Wunder, daß diese Neigung auch unter den restriktiven Bedingungen der Hochkulturen immer wieder einmal durchbrach oder zumindest in der Dichtung erinnert wurde. Ist Liebe, im Sinne von Limerenz, doch universell?

Ich setze an bei einem biologisch-empirisch basierten Modell der Liebe, das Helen Fisher entworfen hat.[13] Nach Fishers Auffassung besteht die Liebe aus drei mehr oder weniger gekoppelten Modulen (sie spricht von Systemen): dem Sextrieb-Modul, das von Östrogen und Androgenen gesteuert wird, dem Modul für individuelle Anziehung (»attraction«), für die Katecholamin, Dopamin, Norephedrin und ein niedriger Serotonin-Spiegel zuständig sind, und dem Bindungsmodul (»attachment«) mit Oxytozin und Vasopressin. Wie bei anderen modular gesteuerten Verhaltensweisen gibt es hier immer wieder Abstimmungsprobleme – Literatur und Leben sind voll von Zeugnissen.

Das *Sextrieb-Modul* bedarf wohl keiner besonderen Erläuterung.

Das *Anziehungsmodul* ist für die Individualisierung des Sextriebes zuständig. Dieser Zustand des ›Hangens und Bangens‹, der ›seligen Pein‹ und eines ganz unvernünftigen Hochgefühls, wenn ›es‹ denn glückt, macht den Kern der Limerenz aus und dürfte in unseren Breiten der literarisch fruchtbarste sein. Er ist jedoch keine ›westliche‹ oder moderne Spezialität, nicht einmal eine menschliche Spezialität. Der Zustand der Pfauenhenne beim Anblick eines prachtvollen Rades ist ebenso hierher zu zählen wie der von Goethes Werther. (Nur bei den Anschlüssen unterscheiden sie sich beträchtlich.) Um Liebe dieses Typs auch an fremden Kulturen wahrzunehmen, müssen wir uns allerdings von der Vorstellung eines komplett verschnürten Pakets lösen, das sie nur in monogamen Kulturen mit freier Partnerwahl vorsieht. »Als ich sie zum ersten Mal sah, trug sie mein Leben mit sich fort« – warum soll das nicht wahr sein, nur weil der polygame afrikanische Gewährsmann das über das Verhältnis zu seiner dritten Frau sagt und weil er gleichzeitig auch seine zweite Frau liebt?[14]

Die Beeinträchtigung der Verstandeskräfte, die mit diesem Zustand beim Menschen einherzugehen pflegt, ist in der Evolution offenbar aufgewogen worden durch die positiven Wirkungen auf die Nachwuchsaufzucht. Wenn der Partner einer ersten Prüfung auf Fortpflanzungstauglichkeit standgehalten hat, dann ist es generativ durchaus rationell, ihm für einige Zeit nach dem Prinzip ›Alles-oder-nichts‹ anzuhängen. Das gilt besonders für Frauen, da sich ihnen in der Phase von Schwangerschaft und Laktation ohnedies keine generative Alternative bietet. Das setzt sich dann auch bei der Einschätzung des Nachwuchses fort: Das eigene Kind ist ohne jeden Zweifel das schönste, klügste usw., und diese Einstellung ist wiederum der Aufzucht dieses Genträgers förderlich.

Auch das *Bindungs-Modul* läßt sich nicht nur beim Menschen, sondern auch bei anderen Lebewesen ausmachen. Es ist anscheinend eng verknüpft mit der Wirkung des Oxytozins. Besonderer Aufmerksamkeit erfreut sich unter diesem Aspekt das Liebesleben der Präriewühlmaus, *Microtus ochrogaster*.[15] Wenn Männlein und Weiblein dieser Art einander erstmals begegnen, dann gibt es ein großes Kopulieren, weit über das für die bloße Fortpflanzung hinaus Nötige. Dabei werden große Mengen Oxytozin erzeugt. Die Pointe: Von diesem Moment an bleiben die beiden Präriemäuse ein Paar, lebenslang. Sie haben einander ›erkannt‹. Oxytozin hat bei diesen Tieren allem Anschein nach die Wirkung, der allgemeinen Bereitschaft zur Langzeitbindung ein bestimmtes ›Gesicht‹ einzuprägen. Man hat inzwischen auch beim Menschen nachgemessen und festgestellt, daß auch bei ihm sowohl beim Geburtsakt als auch bei der Laktation, als auch beim Orgasmus, männlichem wie weiblichem, Oxytozin ausgeschüttet wird. Mit Schlußfolgerungen ›naturrechtlicher‹ Art muß man jedoch vorsichtig sein. Die Vorstellungen des bürgerlichen oder gar des kanonischen Rechts von der lebenslangen Einehe lassen sich damit nicht stützen. Lebenslang bedeutet bei der Präriemaus nur zwei bis drei Jahre. DNA-Analysen haben gezeigt, daß die weibliche Präriemaus sich zuweilen auch mit anderen Mäuserichen einläßt. ›Treue‹ bedeutet bei der Präriewühlmaus also nicht geschlechtliche Ausschließlichkeit, sondern unverbrüchliches Zusammenleben.

Das wäre also ein Bündel von drei dispositionellen Modulen, die ultimat auf Zeugung und Aufzucht des Nachwuchses bezogen sind. Welches der drei Module dominiert, ist eine Frage des jeweiligen biologischen und kulturellen Systems.

Im Falle des Menschen ist dieses System aber noch spezifiziert durch ein viertes Bestimmungsmoment. Menschen im geschlechtsreifen Alter sind physiologisch immer bereit zum Geschlechtsverkehr, während fast alle anderen Lebewesen hier nur in relativ engen Fenstern agieren. Bei den Schimpansen findet Geschlechtsverkehr nur statt, wenn das Weibchen in seinem Zyklus empfängnisbereit ist, etwa zehn Tage im Monat. Das scheint noch eine ganze Menge zu sein, aber man muß davon Schwangerschaft und Stillzeit abziehen, so daß schließlich nur alle paar Jahre einige Tage Brunstzeit übrigbleiben. Das ist ein recht rationelles Verfahren, denn auf diese Weise wird nur dann kopuliert, wenn es sich reproduktiv lohnt, und es gibt keine Energie- und Aufmerksamkeitsverschwendung. Wenn es beim Menschen anders ist, dann müssen diese Verluste evolutionär ausgeglichen worden sein durch menschenspezifische Gewinne. Man wird hier wieder die lange Aufzuchtzeit der Kinder zu bedenken haben. Das Menschen-Paar bleibt durch diese Umstellung auch während der wichtigen Phase von Schwangerschaft und Stillzeit – also rund 4-5 Jahre – füreinander sexuell interessant. Oder evolutionär korrekter ausgedrückt: Frauen, die auch während Schwangerschaft und Stillzeit zum Geschlechtsverkehr attraktiv und bereit waren, hatten eine weit höhere Chance, ihre Gene (und damit auch diese Bereitschaft) weiterzugeben.[16] Nimmt man nun die Vergegenständlichungsleistung der Sprache hinzu, dann ergibt sich insgesamt eine Verstetigung der Reizkonstellation, die menschenspezifisch ist und weitreichende Folgen hat. Nur auf der Basis dieser Verstetigung ist zum Beispiel so etwas wie orts- und saisonunabhängige Liebessehnsucht möglich, und diese Liebessehnsucht, die ja ihrerseits in einem Hiatus sich entwickelt, enthält wiederum einen starken Appell zur Deutung und zur Integration in größere gedankliche und institutionelle Zusammenhänge.

Die Frage »Romantic love« ja oder nein ist mithin generell etwas zu einfach gestellt. Man kann das an der Liebessemantik um 1800 verdeutlichen (der Semantik, wie zu betonen ist; die Realität ist da nicht unbedingt korrekt abgebildet). Wenn alle drei Module gleichzeitig realisiert sind, und zwar mit lebenslanger Perspektive, dann entspricht das etwa dem Ideal der romantischen Liebe im engeren, historischen Sinn: endlose exklusive Dauererregtheit mit dauernder Steigerung der Person. Davor, etwa seit der Jahrhundertmitte, kann man die empfindsame Liebeskonzeption beobachten. Dominant ist hier das Bindungsmodul. Entsprechend ist die Individualisierung auf die Tugend des Partners gerichtet, also auf das Allgemeine, das er verkörpert, nicht auf ein ›je ne sais quoi‹, und der Sex läuft undramatisch mit. Für die außerehelichen Affären des Adels ist dann noch eine dritte Sorte zuständig, die als ›leidenschaftliche‹ Liebe gilt, kurz und heftig, mit Dominanz des Sex, doch bei den kultivierteren Persönlichkeiten durchaus mit Anspruch auf Reflexion und Entwicklung und Pflege einer entsprechenden Etikette.

Doch nicht nur unterschiedliche kulturspezifische Dominanzen der Dispositionen kann man feststellen. Sie werden auch zur Basis von Neusemantisierungen. Im Zusammenhang mit der Entstehung von Ackerbau war schon darauf hinzuweisen, daß in die partnerschaftliche Beziehung nun die Vorstellung hineinwächst, daß auch die Frau Eigentum des Mannes sei. Wenn wir einen Sprung in die mittelalterliche Frauenmystik tun, finden wir den metaphysischen Seelenbräutigam. Der ultimate Zweck verschwindet da völlig. Gewiß, das sind zum Teil Metaphorisierungen, aber wie immer in solchen Fällen gibt es eine Zone, in der nicht mehr ganz klar ist, ob es sich um Metaphorisierung oder um eine Art von Realstellvertretung handelt. Als besonders fruchtbar für Analysen der Literaturwissenschaft hat sich

Niklas Luhmanns Buch *Liebe als Passion* erwiesen.[17] Hier wird dargelegt, wie Liebe im Zuge der Individualisierung den Partner schließlich zum Weltbestätiger schlechthin, zu einem Totalitätssymbol macht, bei dessen Gewinnung oder Verlust es um Heil und Verdammnis geht.[18] Das freilich setzt voraus, daß die traditionellen religiösen Kräfte drastisch an Deutungsmacht verloren haben – ein ganzes Gewebe von sozialen und geistigen Fäden also, in dem die Liebesvorstellungen gedeutet und festgezurrt werden. Hier mögen die Beispiele genügen, um aufzuzeigen, wie sich über die biologische Mitgift (die Fisher-Trias gilt ja sogar für Vögel) die Selektions- und Verstärkungskräfte kultureller Kontexte und schließlich auch kulturspezifische Neusemantisierungen wölben. Womit auch die drei Ebenen umrissen wären, auf denen historische Vertikalschnitte durch einzelne Kulturen oder kulturelle Subsysteme ihre Gegenstände suchen sollten: die der universellen genetischen Dispositionen, der kulturellen Anpassungen und der symbolischen Kodierungen.

Das Beispiel Inzestvermeidung

Das zweite Beispiel mag die Inzestvermeidung sein. Bekanntlich weisen die Nachkommen inzestuöser Verbindungen bei Tier und Mensch häufig Erbschäden auf (›Inzucht-Depression‹). Individuen, die inzestuöse Verbindungen vermieden – aus welchen Gründen auch immer und sicher ohne Wissen um die möglichen Erbschäden –, hatten mithin bessere Chancen, ihre Gene und damit die Neigung zu inzestvermeidendem Verhalten weiterzugeben. Strategien der Inzestvermeidung kannte man aus fast allen bekannten menschlichen Gesellschaften, während man an Tieren so etwas nicht beobachten konnte. Das war

Grund genug, Inzestvermeidung für einen ausschließlich kulturellen Brauch zu halten. Inzwischen weiß man, daß es auch im Tierreich Mechanismen der Inzestvermeidung gibt, und auch für den Menschen hatte man schon vor gut hundert Jahren einen solchen Mechanismus entdeckt.[19] Edvard Westermarck formulierte damals den später so benannten Westermarck-Effekt, daß es nämlich »einen angeborenen Widerwillen gegen den geschlechtlichen Verkehr zwischen Personen gibt, die von früher Jugend auf beisammen leben, und daß dieses Gefühl, da solche Personen in den meisten Fällen blutsverwandt sind, sich hauptsächlich als Abscheu gegen den Geschlechtsverkehr mit nahen Verwandten bekundet«.[20] Für den Mainstream der Ethnologie aber war es Dogma, daß das ›Inzest-Tabu‹ eine rein kulturelle Einrichtung sei. Maßgeblich wurden die Positionen von Sigmund Freud und Claude Lévi-Strauss. Freud meinte (mit James Frazer), ein kulturelles Verbot wäre nicht nötig gewesen, wenn es eine instinktive Hemmung gegeben hätte. Im Gegenteil deute das kulturelle Verbot auf einen tiefsitzenden Trieb zu inzestuöser Vermischung hin, dessen kulturelle Unterdrückung dann zum Ursprung von allerlei Neurosen und Sublimationen wird.[21] Lévi-Strauss nahm dieses Argument in seinem epochalen Werk über die *Elementaren Strukturen der Verwandtschaft* auf. Er legte zwar Wert darauf, daß das Inzestverbot aus der Begegnung von Natur und Kultur erwachse, aber auch bei ihm schrumpft die Natur zur Triebnatur, das Inzestverbot ist Ausdruck eines generellen Triebverbots.[22] Unausgesprochene Voraussetzung für die Akzeptanz von Frazers / Freuds Argument ist die Vorstellung eines Natur-Kultur-Antagonismus, die Vorstellung also, kulturelle Regeln seien nur zur Unterdrückung der Triebe nötig, sie seien geradezu ein Beweis für das Vorhandensein dieser Triebe. Das ist aber ein Irrtum. Tatsächlich handelt es sich bei der kulturell geregelten Inzestvermeidung um einen Musterfall dafür, wie eine biologische Disposition kulturell neu eingepaßt und symbolisch kodiert wird.

Allerdings ergibt sich hier wie bei manchen anderen Neubezweckungen das Problem, daß der ursprüngliche Zweck (die ultimate Ursache) überhaupt nicht bewußt ist, aber den emotionalen Antrieb (die proximate Ursache) für die neuen, kulturellen Zwecke zur Verfügung stellt. Da die kulturellen Regelungen neben der ursprünglichen biologischen Funktion noch weitere Funktionen übernehmen können, können Heiratsregeln tatsächlich ein recht hohes Maß an Autonomie gewinnen. Im Extrem kann das zu Situationen wie der führen, die Ruth Benedict von den Kurnai in Australien berichtet. Da seien die Heiratsverbote so streng, daß den Paaren nichts anderes übrigbleibe, als gegen sie zu verstoßen und davonzulaufen. Obwohl auch die meisten anderen Ehen auf diese Weise zustande kommen, herrscht helle Empörung, die beiden werden verfolgt und getötet, wenn es ihnen nicht gelingt, eine bestimmte Insel zu erreichen, die als Asyl dient. Wenn sie schließlich mit einem Kind gesegnet zurückkehren, werden sie kräftig verprügelt und dürfen dann als Ehepaar leben wie die anderen, die vorher ausgerissen waren.[23]

Als Gegenwartsbeispiel mag die alltägliche Zusammenarbeit von Frauen und Männern in Wirtschaftsbetrieben dienen. Da sollte es nach den Regeln der Soziobiologie eigentlich zugehen wie in Sodom und Gomorrha. Aber durch Gewohnheit und Regeln werden Betriebe jedenfalls in dieser Hinsicht zu einer Art Familie zurechtdefiniert. Die westermarckgestützte Maxime »Don't fuck the factory« wird zwar nicht lückenlos befolgt, sorgt aber doch ganz unauffällig dafür, daß die zwischengeschlechtlichen Aktivitäten kein betriebsstörendes Ausmaß annehmen.

Und um die volle Weite der Variabilität der Einsatzmöglichkeiten um einen harten Kern zu illustrieren, sei doch auch noch auf das alte Drama von Ödipus hingewiesen, dem Freud einen zentralen Terminus abgewonnen hat. Auf den Gedanken, hier drücke sich der *Wunsch* eines jeden Mannes aus, mit seiner Mutter zu schlafen, konnte man nur im raffinierten Wiener Milieu um 1900 kommen. In anderen, einfacher gestrickten Milieus aber erweckt ein solches Geschehen nur Abscheu, verbunden mit Mitleid und Furcht, Jammer und Schauder darüber, daß Menschen so etwas Entsetzliches zustoßen kann. Entsetzlich ist es aber nicht nur wegen eines kulturellen Inzesttabus, sondern auch wegen eines angeborenen Widerwillens gegen den Inzest (der auch kulturell gestützt wird). – So kann man übrigens generell die vormoderne literarische Verwendung des Inzest-Motivs einschätzen.

Die drei Fälle mögen illustrieren, wie sich eine universelle biologische Disposition fern von ihrem Entstehungsmilieu auf höchst unterschiedliche Weise realisieren und die alte Determinationskraft in neue Zusammenhänge einbringen kann: Im Fall der australischen Kurnai werden die zerstörerischen Verstrikkungen, zu denen die kulturellen Festlegungen einer biologischen Disposition führen können, durch eine gegenwirkende Disposition aufgelöst, die wir, anknüpfend an das erste Beispiel, als Zeugnis für die Allgegenwart und Allmacht der Liebe in Anspruch nehmen wollen. Im Fall des innerbetrieblichen Zurückhaltungsgebots wird die alte Disposition mit einer neuen Auslöserdefinition versehen und kann zum Funktionieren moderner Institutionen beitragen. Im Fall der Tragödie wird das Erregungspotential in den Seelen der Zuschauer stimuliert und als Bestandteil eines ästhetischen Erlebnisses aktiviert.

5 Kooperation und Krieg

Man sagt der Menschenart eine ausgeprägte Fähigkeit zur Kooperation und, quasi als Kehrseite, eine ausgeprägte Neigung zur kriegerischen Auseinandersetzung nach. Daran knüpft sich schnell die Frage, wofür die Natur und wofür die Kultur verantwortlich sei. Die Antwortschemata kann man geradezu in Form einer Matrix aufführen: Man kann den guten Menschen im Naturzustand und den bösen im Kulturzustand ansiedeln, aber auch umgekehrt den kooperativen im Kulturzustand und den aggressiven im Naturzustand. Man kann die Positionen sogar mischen und auf den ursprünglich guten Menschen im Naturzustand den bösen im Kulturzustand und den künftig wieder guten in einer neuen, besseren Kultur folgen lassen. In jedem Falle sind Natur und Kultur als antagonistische Kräfte konzipiert. Auch hier soll diesen antagonistischen Vorstellungen zunächst ein kurzer Blick gelten, weil sie auch in den Generationen nach Darwin eine Neubelebung erfahren haben und noch immer einige Geltung genießen. Anschließend werden komplexere Zugänge erörtert, wie sie sich aus der Beachtung des Zusammenwirkens von biologischen und kulturellen Komponenten des Verhaltens ergeben.

Der Natur-Kultur-Antagonismus

Es gibt zwei Typen des antagonistischen Erklärungsmodells. Man könnte sie auf die Namen Hobbes und Rousseau taufen.

Ein Beispiel des Hobbes-Typus mag das Modell des amerikanischen Psychologen und Sozialphilosophen Donald T. Campbell abgeben.[1] Campbell hat das Verhältnis von genetischer Ausrüstung und Kultur auf einer Skala von totalem Egoismus bis zu totalem Altruismus abzubilden versucht. Beide Kräfte trachten danach, das Verhalten in ihrem Sinne zu beeinflussen, und aus diesem Antagonismus entsteht eine Realität in der Nähe des ›biosozialen Optimums‹, nicht zu egoistisch, aber auch nicht so altruistisch, daß man die eigenen Überlebensinteressen vergißt. Der Egoismus wurde da ganz selbstverständlich den Genen zugeschlagen, und der Altruismus war in den ethischen Normen der Kultur verkörpert. Es ist letztlich ein Versuch, die Dualität von Kultur und genetischer Disposition in anderen, viel älteren dualistischen Systemen abzubilden, als Vernunft und Affekt, Leviathan und Wolfsnatur, Über-Ich und Es, Kontrolle und Trieb – letztlich Seele und Leib, Gut und Böse. Die Vorstellung ist recht plastisch, sie läuft darauf hinaus, daß die Kultur eine Einrichtung zur Domestizierung der Bestie in uns ist. Daß sie so etwas Ähnliches sein *soll*, ist gewiß ein konsensfähiger Wunsch. Ähnlich meinte sogar Ernst Mayr, der Nestor der Evolutionsbiologie, »daß es die wichtigste Funktion einer kulturellen Ethik ist, die selbstsüchtigen Impulse des Einzelnen einzudämmen und mit Hilfe von Gesetzen sowie Sitten und Gebräuchen das Wohlergehen der Gemeinschaft als ganzer zu fördern«.[2] Und auch bei der neuesten Avantgarde, der Hirnforschung, findet man Anklänge, wenn von den »kortikalen Kontrollen« die Rede ist, »die unsere primitiven Impulse gewöhnlich in Schach halten«.[3] Zu halten ist dieser antagonistische Dualismus aber nicht. Nicht nur Florence Nightingale oder Henri Dunant sind Kulturprodukte, sondern auch die Schlachtfelder, auf denen sie wirkten. Kultur stellt uns die Waffen zur Verfügung, und sie sagt uns auch, auf wen wir sie richten sollen. Überdies gibt es, wie die Soziobiologie festgestellt hat, auch biologisch verankerte Mechanismen, deren Effekte dem ethischen ›Altruismus‹ zum Verwechseln ähnlich sehen. – Solche antagonistischen Dualismen sind intuitiv recht plausibel, schon wegen ihrer eindimensionalen Übersichtlichkeit. Aber diese Eindimensionalität macht sie zugleich falsch.

Das gilt auch für die umgekehrte Gewichtung, den Rousseau-Typus. Von ihm geht die Zivilisationsschaden-Hypothese aus. Daß die Zivilisation verantwortlich ist für zahlreiche Krankheiten und sonstige körperliche Schäden, ebenso daß unsere mentale Ausrüstung in der Altsteinzeit entwickelt wurde und in der Moderne nicht immer richtig passen will, ist ja kaum umstritten. Es war vor allem Konrad Lorenz, der mit seinem Erfolgsbuch *Die acht Todsünden der zivilisierten Menschheit* nicht nur Kluges zu diesem Thema unter die Menschen brachte.[4] Fester Eckpunkt war in diesem Zusammenhang das Dogma von der Arterhaltung: Jedes Lebewesen habe in sich den Instinkt, seine Art zu erhalten. Deshalb zum Beispiel töten Tiere keine Artgenossen. Nur die Menschen tun so etwas – Zivilisationsschaden.

Für Lorenz war das Prinzip der Arterhaltung eine hinreichende Erklärung für ›altruistisches‹ Verhalten der Tiere wie der Menschen. Doch diese Vorstellung ist inzwischen logisch wie empirisch widerlegt worden. Zu den empirischen Widerlegungen später noch ein Wort. Hier reicht die logische Unmöglichkeit des Konzepts, auf die schon im Einleitungskapitel hingewiesen wurde: Wenn ein Individuum seine eigenen Interessen zugunsten der Art zurückstellt, dann verringert es auch seine Reproduktionschancen, so daß ein arterhaltendes ›Altruismus-Gen‹ nur verringerte Vermehrungschancen hätte, d. h. auf Dauer gar keine. Die Spezies spielt zwar eine Rolle, wenn es um mögliche Geschlechtspartner oder auch sonstige Kooperationspartner geht. Eine Tüpfelhyäne wird in der Regel nicht mit einem Leoparden auf Jagd gehen oder sich fortpflanzen mögen.

Aber sie wird auch eine rudelfremde Hyäne nicht dulden, nur weil beide von derselben ›Art‹ sind. Nur auf dem Weg über die Verwandtenselektion entstehen arterhaltende *Effekte*, von der aufopfernden Fürsorge des Muttertiers bis zur Schonung des Rudelangehörigen, dem gegenüber die Tötungshemmung funktioniert, während ein rudelfremdes Individuum unter Umständen erbarmungslos totgebissen wird.

Von der Mutterliebe zum Gesellschaftsvertrag. Dimensionen der ›kin selection‹

An die Stelle der Arterhaltung setzte die Soziobiologie also ›inclusive fitness‹ und ›kin selection‹. Der idealtypische Anwendungsfall der Theorie der ›kin selection‹ oder Verwandtenselektion ist die elterliche Fürsorge. Wenn die Mutter dem Kind ihre Fürsorge angedeihen läßt (und dafür vielleicht auf die Erfüllung eigener Wünsche verzichtet), dann fördert sie auch die von ihr weitergegebenen Gene, unter anderem die Gene, die für elterliche Fürsorge zuständig sind. Sie fördert damit also die Gesamteignung (›inclusive fitness‹) ihres Genoms. Bei einzeln lebenden Tieren beschränkt sich diese Beziehung auf Mutter und Kind. Bei in Gruppen lebenden erweitert sich der Kreis der durch Gesamteignung verbundenen Individuen: Auch wer seinen Bruder (und dessen Nachwuchs) fördert, fördert die Neigung, den Bruder zu fördern, und in absteigendem Maße gilt das für die ganze Blutsverwandtschaft. Zumindest alle gesellig lebenden Lebewesen haben somit die ererbte Neigung, ihre Verwandtschaft zu unterstützen. Das ist eine sehr wichtige Voraussetzung ihres Sozialverhaltens. Daß zum Beispiel die männlichen Mitglieder einer Schimpansengruppe trotz aller Zänkerei insgesamt recht gut miteinander auskommen und vergleichsweise selten um Exklusivrechte beim Geschlechtsverkehr streiten, liegt unter anderem daran, daß sie alle miteinander verwandt sind (während die weiblichen Mitglieder mit der Geschlechtsreife die Gruppe wechseln). Umgekehrt ist es eine beträchtliche Stärkung des Zusammenhalts eines Löwenrudels und eine gute Voraussetzung für kooperative Jagd, daß die weiblichen Mitglieder alle miteinander verwandt sind (während die Männer wechseln). Und vergessen wir nicht die Menschen: Im Hochland des Himalaja gibt es die Einrichtung der Vielmännerei, die den dortigen ökologischen Bedingungen besonders angepaßt ist; die Männer, die sich da eine Frau teilen, sind in der Regel Brüder.

Ähnlich wird der Zusammenhalt von Sammler- und Jäger-Gruppen dadurch unterstützt, daß es sich zumeist um nah verwandte Personen, um Großfamilien, handelt (zum Heiraten orientiert man sich deshalb gern nach außen). Herrschaft in nichtdemokratischen Gesellschaften ist bis in die Gegenwart (fast) immer dynastisch verfaßt; den Verwandten kann man noch am ehesten trauen. Die Taten der Selbstmordattentäter in der islamischen Welt werden zwar im Jenseits durch Paradiesesfreuden belohnt, aber schon im Diesseits sollen die Verwandten dem Vernehmen nach so üppig mit Geld und Ehre bedacht werden, daß der Verewigte auch hier im Gedächtnis weiterlebt. In der Trivialdramatik der Krimis kann man sich (fast) darauf verlassen, daß ein des Vater-, Mutter-, Bruder-, Kindesmords Verdächtiger sich schließlich als unschuldig erweist. Auch im Geschäftsleben soll Verwandtschaft noch oft eine Rolle spielen, in der Politik, in der Verwaltung. Die entsprechenden Verhaltensweisen gelten zwar als anrüchig und werden als ›Nepotismus‹, Vetternwirtschaft, verurteilt, aber sie wurzeln sehr tief; der Rechtsstaat, mit dem sie in Konflikt geraten, ist dagegen eine sehr junge und vergleichsweise instabile Einrichtung.

Aber was ist mit den Nichtverwandten? Hier haben die Soziobiologen viel Scharfsinn darauf verwendet, in spieltheoretischen Simulationsmodellen herauszufinden, welche Verhaltensweisen in welchen Situationen sich als evolutionsstabile Strategie (ESS) erweisen könnten. Bekannt wurden vor allem das Gefangenendilemma und das Tit-for-Tat-Prinzip. Wenn man das Gefangenendilemma aus der etwas voraussetzungsvollen Urfassung ins Alltägliche übersetzt, dann besagt es: Wenn zwei miteinander ein Geschäft machen und der eine den anderen betrügt, dann hat der Betrüger zwar im Moment den größeren Gewinn, aber der Betrogene wird keine weiteren Geschäfte mehr mit ihm machen. Betrug lohnt sich also nur, wenn der Betrogene nichts davon merkt oder die Beteiligten ohnedies keine längere Geschäftsbeziehung planen.[5] Bei längerfristigen Geschäftsbeziehungen hingegen lohnt sich Ehrlichkeit für beide Partner. – Das Tit-for-Tat-Prinzip bezeichnet die einfache Maxime: »Beginne kooperativ und wiederhole dann immer das Verhalten deines Partners.« Wenn eine Gruppe von Individuen die Tit-for-Tat-Verfahrensweise befolgt, dann gibt es keine Sieger und Besiegten, aber am Ende stehen alle besser da. Es sind inzwischen spieltheoretische Nachrechnungen aller möglichen empirisch vorfindbaren Verhaltensweisen angestellt worden, und immer hat sich gezeigt – so kann man etwas boshaft formulieren –, daß die Evolution es richtig gemacht hat. Tatsächlich laufen die spieltheoretischen Analysen fast auf eine Tautologie hinaus: Wenn und soweit Kooperation sich lohnt, hat sie gute Chancen, sich evolutionär durchzusetzen.[6]

Voraussetzung ist allerdings, daß die Organismen ›wissen‹, wann es sich lohnt. In den menschlichen Kulturen kann man solches Wissen als Weisheit der Generationen sprachlich festhalten und weitergeben. Sprichwörter vom Typus »Eine Hand wäscht die andere«, »wer einmal lügt …«, »do ut des« usw. umschreiben solche Reziprozität. Doch auch im Tierreich sind wechselseitige Hilfeleistungen zu beobachten, als Dienstleistungstausch nach dem Motto ›Kratzt du meinen Rücken, kratz ich deinen Rücken‹. Bei allen Rudeltieren gibt es Bündnisse, die auf Gegenseitigkeit beruhen. Beim ›grooming‹ der Affen, dem ›Lausen‹, geht die Kratz-Reziprozität bis ins Wörtliche, doch auch andere Rudeltiere wie Löwen oder Wölfe fauchen und knurren einander nicht nur an, sondern tauschen auch Zärtlichkeiten aus. Es scheint, daß diese Zärtlichkeiten wohlabgemessen sind, nicht im Sinne der absoluten auszutauschenden Menge, sondern immer unter Einbeziehung des Ranges und damit auch des unterschiedlichen ›Wertes‹ der einzelnen Zärtlichkeitseinheit.

Der kritische Punkt des Tit-for-Tat ist die Regel: »Beginne kooperativ.« Das gilt nicht nur für den Anfang einer reziproken Beziehung; auch im weiteren Verlauf werden ja immer Vorleistungen erbracht, jede Gegenleistung ist auch eine Vorleistung. Vorleistung aber setzt Vertrauen voraus. Sucht man nach den evolutionären Wurzeln solchen Vertrauens, dann stößt man wieder auf Verwandtschaft. Verwandtschaft ist ja nichts, wovon uns die ›Stimme des Blutes‹ informiert. Bei manchen Tieren scheint es recht präzise Signale der Verwandtschaft zu geben, die wir nicht wahrnehmen, zum Beispiel olfaktorische. Doch gibt es auch schon beim Tier Indizien, die Verwandtschaftsmechanismen auslösen können, ohne daß Verwandtschaft vorliegt. Die Anerkennung als Mutter kann man sich ja, wie wir von Konrad Lorenz’ Affäre mit den Graugänsen wissen, durch ein bloß zufälliges Zusammentreffen zuziehen. Wenn Vogeleltern alles als Verwandtschaft identifizieren, was in ihrem Nest hockt, den Schnabel aufreißt und einen bestimmten Bettelruf ausstößt, dann nehmen sie auch den Kuckuck auf. Derartige Mechanismen sind auch beim Menschen höchst wirksam. Wie der Westermarck-Effekt zeigt, ist die »primäre Vertrautheit«[7] auch dann verwandtschaftsstiftend (und erotikhemmend), wenn ›echte‹ Verwandtschaft gar nicht vorliegt. Wer mit mir im Sandkasten war, ist mein Bruder oder mein Vetter oder wenigstens so etwas Ähnliches; d. h., ich kann ihnen mehr vertrauen als anderen Leuten (mag aber keinen Sex mit ihnen haben). Axelrod geht sogar noch einen Schritt weiter. Er meint: »Sobald eine kooperative Wahl getroffen worden ist, ist ein solcher Hinweis auf Verwandtschaft einfach die Tatsache, dass Kooperation erwidert wurde.«[8] Da wird nun also die Beziehung umgekehrt. Die Verwandtschaft ist nicht nur Voraussetzung von Kooperation, sondern die Kooperationsbereitschaft wird zum (verstärkenden) Indiz für Verwandtschaft. Das genügt, um Gruppen von Individuen zu konstituieren, die füreinander empfinden, *als ob* sie verwandt wären. Dieses Phänomen der ›unechten‹ Verwandtschaft ist die Grundlage jener Art von naher Vergesellschaftung, die man als ›Gemeinschaft‹ bezeichnet: Liebe, Freundschaft, Nachbarschaft. Wieder kann man die Wirkungen besonders deutlich in den Konflikten mit dem Rechtsstaat sehen. Dessen Prinzipien reiben sich nicht nur mit dem Nepotismus in einem wörtlichen Sinn, sondern auch mit der Kungelei von Honoratioren- und Protektionskartellen. Auch die Mafia nennt sich ›famiglia‹.

Es gehört sozusagen zum Wesen der Evolution, daß sie keine schroffen, sondern gleitende Übergänge aufweist. Ein solcher gleitender Übergang ist da aufzufinden, wo aus Gemeinschaft allmählich Gesellschaft wird. Grundsätzlich ist ja Gemeinschaft – als erweiterte Verwandtschaft – auch unter Tieren möglich. Aber die wechselseitigen Gefälligkeiten beschränken sich – zuweilen im Wortsinne – auf die Kratz-Reziprozität. Die menschlichen Gemeinschaften weisen da schon ein deutlich höheres Maß an Komplexität auf. Ursache auch dafür ist das besondere Bindungsmittel der Sprache. Gemeinsame Sprache oder gemeinsamer Dialekt können sehr schnell Vertrautheit herstellen, als Symptom dafür, daß man vom selben Stamm ist. Sprache ermöglicht es auch, mittels ihrer Vergegenständlichungsleistung aus sporadischen und ephemeren Kontakten dauerhafte zu machen. Das kann schon dadurch geschehen, daß ein Stamm oder eine Gruppe sich einen eigenen Namen gibt und sich dadurch von den Nachbarstämmen abgrenzt. Sie macht sich damit zur ›Familie‹. Mittels einer Sprache, in der man über Abwesendes kommunizieren kann, kann man aber auch längerfristige Dankbarkeits- und Schuldverhältnisse in die Zwischenwelt eintragen und damit ebenfalls die Beziehungen stabilisieren. Man kann mittels der Sprache sogar Mahnverfahren etablieren, und man kann in Beziehung zu Personen treten, die gar nicht anwesend sind. All das zusammen bedeutet, daß die Sprache es erlaubt, Zwischenwelten zu bauen, in denen die persönlichen Beziehungen langfristig, ja womöglich über die Generationengrenze hinaus fixiert werden können.

Die Sprache ist es auch, die ein entsprechendes Sanktionsgeflecht vorhalten kann für den Fall, daß einzelne Mitglieder der Gemeinschaft das Kooperationssystem ausbeuten. Die Evolutionspsychologin Leda Cosmides hat experimentell ermittelt, daß den Menschen ein ›cheater detector‹ eingebaut ist. Das ist ein psychischer Mechanismus, der auf das Ermitteln von Betrügern spezialisiert ist.[9] Wenn wir mit logischen Aufgaben abstrakter Art konfrontiert werden, ist die Fehlerquote signifikant höher, als wenn es sich um logische Aufgaben handelt, bei denen ein Betrüger ermittelt werden soll. Es hat den Anschein, daß nicht geringe Anteile unseres kognitiven Apparats sich einem derartigen Einsatz zur Sicherheit vor Betrügern und Trittbrettfahrern bzw. zu deren Bestrafung verdankt.[10] Zur Grundausrüstung, die den Menschen als soziales Wesen begründet, gehört neben dem Vertrauen also auch das Mißtrauen, namentlich gegenüber allen, die man noch nicht kennt. Das ist kein aufregender Befund, auch keiner, der uns von den Tieren unterscheidet, denn vorsichtig in neuen Situationen sind auch diese. Die Brücke von der ›Gemeinschaft‹ zur ›Gesellschaft‹, d. h. zu einer Form der Vergesellschaftung, in der nicht mehr jeder jeden persönlich kennt, ist also schon gut vorbereitet. Aber voll ausgebaut wird sie erst durch die Leistung der Schrift. Es gibt zwar die erwägenswerte Hypothese, daß es schon vor der Sprache so etwas wie Schrift gab.[11] In dieser Hinsicht ist die Schrift aber jedenfalls eine Steigerung der Möglichkeiten der Sprache: daß sie die Verfassungen der jeweiligen Zwischenwelten weiter verfestigt[12] und zusätzlich zur Sprache als der Kommunikation *über* Abwesendes nun auch die Kommunikation *mit* Abwesenden zur Routine werden lassen kann. Das ist die unabdingbare Voraussetzung für die Gesellschaften der Hochkulturen.

Die wichtigste zwischenweltliche Strategie, diese Brücke zu schlagen und die neue Lebenswelt mit den alten psychischen Dispositionen abzustimmen, ist auch hier die Bedeutungsübertragung. Die sprachlich-symbolischen Ordnungen der Zwischenwelten weisen den Mitmenschen ihren Platz im Motivations- und Gefühlshaushalt zu, und sie tun das mit besonderem Effekt, wenn sie dabei wieder die Gefühlsressourcen aus der Verwandtschaftssphäre aktivieren können. Verwandtschaft ist ja wahrscheinlich auch die Ursprungsstelle dessen, was wir als Mitgefühl oder Empathie bezeichnen. Es war eine sehr erfolgreiche Motivation zur Unterstützung der Verwandten, wenn man mit ihnen litt oder Freude empfand. Diese vorrationale Solidarität läßt sich wenigstens zum Teil mitnehmen in größere Personenkreise. Wir leiden auch mit, wenn unsere Freunde leiden, und freuen uns mit ihnen. In der Vorweihnachtszeit erweitert sich der Kreis unserer Brüder und Schwestern gar auf die ganze Welt. Ähnlich funktioniert auch die Tötungshemmung recht gut zwischen Verwandten, aber ihre Ausweitung auf Nichtverwandte kann nur gelingen, soweit die Bedeutungsübertragung gelingt.

Als Verwandtschaftsverhältnisse wurden mittelalterliche Lehnsverhältnisse konzipiert und das neuzeitliche Verhältnis zwischen Herrscher und Volk, Fabrikherr und Belegschaft usw., und auch der Tod fürs Vaterland kann als Tod für Frauen und Kinder angesonnen werden. Auch wo nicht ausdrücklich die Verwandtschaftsmetaphorik bemüht wird, verläuft die Einforderung entsprechender Affekte und Loyalitäten auf der Verwandtschaftsschiene. Auch die Gemeinschaftsrhetorik, in der Gemeinschaft der Gesellschaft gegenübergestellt wird, setzt letztlich Verwandtschaft gegen den Rest der Welt. Wahrscheinlich ist homo sapiens nur deshalb fähig, solch riesige Rudel von einander unbekannten Individuen leidlich konfliktlos interagieren zu lassen, weil er sie seinem Nervensystem als Verwandte anbietet, die, wenn nicht unterstützt, so doch zumindest geschont werden sollten.

Insgesamt aber kann man die eben erzählte Geschichte als Entstehungsgeschichte der vertraglichen Regelung innerartlicher Beziehungen verstehen. Das beginnt bei angeborenen Verpflichtungen, geht weiter mit einfachen und vor allem kurzzeitigen Tit-for-Tat-Vereinbarungen und führt schließlich zu Gesetzbüchern, die die Rechte und Pflichten aller Angehörigen einer Gruppe schriftlich festhalten, tendenziell auf ewig. Es führt aber

vor allem immer weiter weg von der spontanen und emotions-
geleiteten Solidarität zwischen Eltern und Kindern und anderen
Blutsverwandten über Freundschaft und Nachbarschaft bis hin
zu jener ›Gesellschaft der Fremden‹, in der heute die meisten
Menschen leben,[13] führt hinein in immer rigidere und zugleich
zerbrechlichere Zwischenwelt-Konstruktionen. Denn für die
›Gesellschaft der Fremden‹ sind wir genetisch nur unzureichend
ausgerüstet. Immer wieder gibt es Versuche, die Wärme der
nachbarschaftlichen Gemeinschaftsbeziehungen zum Vorbild
von Vergesellschaftung überhaupt auszurufen oder zumindest
Zonen solcher Wärme zu schaffen, von der Gesellschaftsutopie
der Empfindsamkeit im 18. Jahrhundert bis zum derzeitigen
Kommunitarismus in den USA.

Tötung des Artgenossen – tierisch

Die Arterhaltungs-/Zivilisationsschaden-These konnte sich auf
den Befund stützen, daß die Lösung von Konflikten durch Tötung
von Artgenossen im Tierreich sehr selten ist, jedenfalls verglichen
mit dem systematischen Töten ›ohne Ansehen der Person‹, das
der Mensch in seinen Kriegen mit einer solchen Regelmäßigkeit
übt, daß man hier geradezu von einem Gattungsmerkmal sprechen kann. Diese Sachlage hat Autoren wie Konrad Lorenz dazu
gebracht, vom Aussetzen der innerartlichen Tötungshemmung
beim Menschen zu sprechen, die unter anderem darin begründet
sei, daß er durch Waffen- und Werkzeuggebrauch seine natürlichen Instinkte sozusagen austrickst. Aber eine generelle Tötungshemmung, die sich auf den Artgenossen (und nicht etwa nur auf
den Verwandten oder den Rudelgenossen) bezieht, ist, wie der
umgreifende Rahmen der Arterhaltung, ein Mythos.

Das läßt sich sinnlich festmachen an einem Fall, der eine Art Paradigmawechsel einleitete: Bei der Beobachtung freilebender Löwen in der Serengeti entdeckte man, daß Löwenmänner, die sich ein Rudel erobert hatten, zunächst einmal sämtliche erreichbaren Löwenbabys töteten.[14] Mit dem Prinzip der Arterhaltung war das nicht zu vereinbaren, und so wurde den entsprechenden Berichten zunächst auch einiges Mißtrauen entgegengebracht, oder die beobachteten Löwen wurden einfach für verhaltensgestört erklärt. Doch die Berichte wurden bestätigt, ergänzt durch Beobachtungen an anderen Arten, zum Beispiel den Hanuman-Languren (einer indischen Pavianart) und einigen weiteren Affenarten, inzwischen sogar an Haussperlingen und den beliebten Delphinen.[15] Die weiblichen Mitglieder des eroberten Rudels werden sehr schnell wieder empfängnisbereit, so daß das männliche Tier in der knappen ihm verbleibenden Zeit bis zur Vertreibung durch den Nachfolger eine maximale Zahl von Kindern zeugen kann. Es tritt also ein Selbstverstärkungseffekt auf: Löwen, die nach der Eroberung eines Harems sogleich alle Jungen töteten, zeugten mehr Nachkommen als andere, so daß sich auch diese Verhaltenseigenschaft stärker vererbte. Dieser Effekt läßt sich auch in Varianten beobachten. Schimpansenmänner töten häufiger die männlichen Kinder neu zugewanderter Frauen. Damit bewahren sie ihren eigenen Nachwuchs vor der gruppenfremden Konkurrenz und machen die neuen Weibchen schnell brünstig. Eine weitere Variante findet man bei Brüll- und Kapuzineraffen. Da leben mehrere Männchen in der Gruppe, aber nur das Alpha-Tier darf sich mit den Weibchen paaren. Rückt ein rangniederes Männchen in die Alpha-Position auf, geschieht das, was wir nun schon regelrecht erwarten. In jedem Fall erhöhen die Männer durch solche Tötungen ihre eigenen Fortpflanzungschancen, direkt oder indirekt, und werden dafür durch den genetischen Erfolg ihres Verhaltens ›belohnt‹. Das Verhalten der tötenden Männer ist also spieltheoretisch rational … Aber nicht nur Männer töten Kinder. Von weiblichen Individuen, die ihre eigenen Kinder töten, um sich ›bessere‹ zu machen, haben wir schon gehört. Aber sie töten auch die Kinder anderer Mütter, um Ressourcen für ihre eigenen zu vermehren. Man kann generell sagen: Tiere tun alles, was ihren eigenen Fortpflanzungserfolg begünstigt, und dazu kann auch die Beseitigung der Fortpflanzungskonkurrenz gehören. Natürlich tun sie das nicht absichtlich oder willentlich. Vielmehr ist im Laufe von Jahrmillionen jede Verhaltensneigung verstärkt worden, die die Vermehrung begünstigt.

Mit diesem Erbe haben auch wir noch zu tun. Es ist wohl kein Zufall, daß die Kriege der Menschen immer wieder von Massenvergewaltigungen begleitet sind. Musterfall in unserer, der jüdisch-christlichen Überlieferung ist der Genozid an den Midianitern (4. Mose 31). Auf Geheiß des Herrn töten die Israeliten dort »alles, was männlich war« (V. 7), sowie »alle Weiber, die Männer erkannt und beigelegen haben«. (V. 17) Nur die jungen Frauen der Midianiter ließen sie am Leben, immerhin 32 000. Mag sein, daß hier die alte Disposition beim Erzählen durchschlägt, ohne daß das Geschehen selbst historisch getreu wiedergegeben wird. Aber es gibt statistische Hinweise, daß auch in Menschengesellschaften Kinder, die mit einem Stiefvater aufwachsen, ein signifikant höheres Risiko haben, getötet oder mißhandelt zu werden, als solche, die mit ihrem biologischen Vater aufwachsen. Bei den Aché in Paraguay sterben 19 % der Kinder, die von ihren leiblichen Eltern großgezogen werden, bevor sie 15 Jahre alt werden. Unter den Kindern, die mit einem Stiefvater aufwachsen, sind es 43 %. Aber das ist kein Befund, der sich auf den südamerikanischen Urwald beschränken ließe.

Nach einer kanadischen Studie wurden 1974-1990 von je einer Million Kinder 2,6 vom leiblichen Vater getötet, vom Stiefvater hingegen 70,6. In der ersten Zeit einer Verbindung, wenn der männliche Partner sich sozusagen nach Löwenmanier gerade eine neue Fortpflanzungsressource erobert hatte, wurden gar 576,5 pro Million getötet.[16]

Die bisher geschilderten Grausamkeiten der Tiere betrafen die Tötung von Kindern. Die Tötung von Erwachsenen ist sehr viel seltener, vermutlich nur deshalb, weil sie viel riskanter ist. Bekannt ist immerhin, daß Hyänen, Wölfe und Löwen rudelfremde Einzelgängerinnen oder versprengte Mitglieder anderer Rudel erbarmungslos zerfleischen. Da sich hier die weiblichen Rudelmitglieder besonders hervortun, dürfte das Verhalten ähnlich wie bei der Tötung der Kinder anderer Mütter auf Ressourcenkonkurrenz zurückzuführen sein.

Ähnlich schockierend wie die ersten Berichte von Kindstötungen wirkte die Beobachtung, daß Schimpansengruppen gelegentlich regelrechte Vernichtungsaktionen gegen andere durchführen und dabei ›bestialisch‹ grausam vorgehen. Auch da wurde erst auf Verhaltensstörung wegen der Anfütterung durch die Beobachter getippt (also auf einen ›Zivilisationsschaden‹), ehe weitere Bobachtungen dieser Art gemacht werden konnten.[17] Das Phänomen wartet mit mehreren Rätseln auf. Die Schimpansen der bekriegten Nachbargruppe entstammten der eigenen Gruppe, waren also verwandte Jugendvertraute. Irgendeine auffällige Ressourcenknappheit war nicht zu beobachten. Wahrscheinlich spielt der Gewinn von Fortpflanzungsressourcen auch hier eine Rolle, denn die Weibchen der besiegten Gruppe wurden meistens (!) am Leben gelassen und der eigenen Horde einverleibt.

Die eben geschilderten Verhaltensweisen sind eigentlich keine Kämpfe. Selbst bei den Schimpansen-›Kriegen‹ hat man beobachtet, daß die Angreifer immer deutlich in der Überzahl sind und sich kleinere Opfergruppen aussuchen. Es ist auch die Ausnahme, daß einer der Angreifer ernsthaft verletzt wird. Das gibt den Auseinandersetzungen eher den Charakter von Exekutionen.

Insofern kann man weiterhin festhalten, daß die Tötung von Artgenossen *zur Lösung von Konflikten* eher die Ausnahme darstellt. Bei den häufigen Kämpfen zwischen sexuellen Rivalen oder bei Territorialkämpfen gibt es tatsächlich kaum je Tote. Das liegt aber nicht an einer arterhaltenden Tötungshemmung, sondern daran, daß sich das Töten nicht lohnt. Rivalen- oder Territorialitätskämpfe bestehen im wesentlichen aus Imponiergesten, die dem Gegner deutlich machen sollen, wer der Stärkere ist. Rivalisierende Löwenmänner zum Beispiel haben ein recht gutes Gespür dafür, welcher der stärkere ist, und ziehen sich zurück, ehe es allzu großen Schaden gibt. Der Schwächere gibt nach, und der Stärkere wendet sich den Früchten des Kampfes zu. Was soll er einen fliehenden Rivalen ernsthaft verfolgen und sich damit selbst unnötigen Gefahren aussetzen, zumindest sinnlos Energie verschwenden! Eine zentrale Handlungsregel, die in den Genen steckt, lautet: Riskiere nicht mehr als nötig. Denn diejenigen, die zuviel riskiert haben, haben sich nicht fortgepflanzt ... So hat die Evolution nicht nur eine Menge Grausamkeit, sondern auch eine Menge Lebensklugheit angesammelt.

Tötung des Artgenossen – menschlich

Dem ›surival of the fittest‹ wäre demnach eine Art ›survival of the coward‹ hinzuzufügen. Die Menschen allerdings verachten diese Lebensklugheit der Evolution. Das ist die Kehrseite der

Konstruktion von Zwischenwelten. Diese Zwischenwelten bestehen zu einem großen Teil aus Klatsch und Gerede oder, wenn man es verbal erhöhen will: aus dem kollektiven Gedächtnis. Wenn ein Löwe es nicht zum finalen Zweikampf kommen läßt, sondern sich zurückzieht, dann verliert er nicht viel, aber er rettet seine Haut. Anderntags versucht er es bei einem anderen Rudel, und übermorgen schaut er wieder vorbei, ob der Alte inzwischen von einer Schlange gebissen worden ist. Beim Menschen steht in solchen Fällen die Ehre auf dem Spiel. Wer kneift, fällt der Ächtung durch die relevante Kaste anheim und ist aus dem Spiel. Ein Duell im Morgengrauen, bei dem der eine stirbt und der andere das Land verlassen muß – eine solche Dummheit kann unter Tieren nicht passieren.

Ähnlich steht es um Entgleisungen der Tit-for-Tat-Strategie. Eine versehentliche Verletzung oder ein Mißverständnis kann zu einer katastrophalen Eskalation führen, die beim Menschen viel massivere Auswirkungen hat. Die Verletzung kann eingetragen werden in die familiäre oder kulturelle Zwischenwelt und wirkt dann über die individuelle Revanche-Konstellation hinaus womöglich bei Vettern, Kindern und Kindeskindern weiter. Der klassische Konfliktfall mit eskalierenden Tötungen ist die Blutrache. Die Grundfigur der Revanche kann ausgeweitet werden auf ganze Völker, mit einer atemberaubenden Zeitkomponente. Ludwig XIV. hatte den Deutschen einige linksrheinische Fürstentümer weggenommen. Das ging so gründlich in die nationale Zwischenwelt ein, daß Frankreich – mit bezeichnendem genealogischem Beiklang – zum Erbfeind ernannt wurde und die Wiedergewinnung von Elsaß-Lothringen 250 Jahre lang zur deutschen Kriegsziel-Politik gehörte. Heute noch hat ganz Europa Ärger damit, daß am 15. Juni 1389 auf dem Amselfeld eine Schlacht stattfand, von der man nicht einmal weiß, wer der Sieger war. Da wirkt es fast tröstlich, daß die anglikanische Kirche sich nun bei Darwin für die Ablehnung der Evolutionstheorie entschuldigt hat. Lauter Zwischenwelt-Gespenster, die uns das ›kulturelle Gedächtnis‹ beschert.

In den gleichen Zusammenhang gehört die Präventiv-Aggression. Auch hier spielt die Sprache bzw. das von ihr unterstützte Vorstellungsvermögen und Gedächtnis eine große Rolle. Tiere sind, wenn sie eine Situation nicht richtig einschätzen können, nur vorsichtig. Menschen können drohendes Unheil antizipieren. Das ermöglicht ihnen zwar, Häuser so fest zu bauen, daß sie auch Stürmen widerstehen, Nahrungsvorräte anzulegen usw. Aber es ermöglicht ihnen auch, potentielle oder tatsächliche Konflikte dadurch eskalieren zu lassen, daß sie die Aggressionen des anderen schon durch eine Gegenaggression beantworten, bevor diese überhaupt geschehen sind – Präventivkriege.

Das wirkt dann zusammen mit einem Phänomen, das unter dem Namen der ›Pseudospeziation‹ durch die Literatur geistert.[18] Diese Pseudospeziation ist sozusagen das Umkehrverfahren zur Ausweitung der Verwandtschaft auf die ganze Spezies: Eine bestimmte Gruppe entwickelt ein Bewußtsein, als wäre sie eine eigene biologische Art und als wären die anderen Menschen Angehörige anderer Arten. Also keine Menschen oder zumindest keine relevanten Menschen. Noch das Streben nach politisch korrekter Bezeichnung einzelner Volksgruppen ist davon mitbestimmt, denn meistens kommt die Selbstbezeichnung ›Mensch‹ dabei heraus – was sind dann die anderen? Insoweit die menschlichen Verhaltensprogramme offen sind, müssen sich die Menschen selbst konstruieren. Kriege werden unter dieser Voraussetzung zu Auseinandersetzungen über die Frage, welche kulturelle Konstruktion, welche Definition des Menschen die richtige ist. Das ist der Kern des Religionskrieges bzw. der Dynamik religiöser Motivierung von Kriegen: Wer hat die richtige Lebenspartitur, wer hat die richtige Zwischenwelt? Wer sind die richtigen Menschen? Auch das ist eine Folge der Doppeleigenschaft unserer Zwischenwelten, daß sie nämlich sehr flexibel sind, aber auch transparent für Alternativen und deshalb nie ganz ›richtig‹, so daß die Glaubenssicherheit oft genug durch Unterdrückung oder Zerstörung der Alternativen hergestellt wird.

Schließlich seien als letzte unheilvolle Konsequenzen der zwischenweltlichen Verfaßtheit unserer Umwelt noch der individuelle Mord und die Selbsttötung genannt. David Buss, der agilste Vertreter der Evolutionären Psychologie, hat in einer Studie den ›Mörder in uns‹ freizulegen versucht.[19] Er hat allerdings versäumt, ernsthaft die Frage nach dem Tiererbe und damit auch die Frage nach der Differenz zu stellen. Schon die eben aufgeführten Bereiche sollten zeigen, daß wir Menschen weit besser im Töten sind als die Tiere. Beim individuellen Mord ist es nicht viel anders. Gerade bei besonders irrationalen Tötungen sind vermutlich Bedingungen im Spiel, die speziell aus der Sprachlichkeit des Menschen abzuleiten sind. Die nicht eben seltene Tötung des untreuen Lebenspartners zum Beispiel – was ist durch sie für ein Fitneß-Vorteil zu gewinnen? Daß ein Löwenpascha oder ein Gorillamann eine seiner Damen tötet, weil sie untreu ist, ist schwer vorstellbar. Ähnlich ›irrational‹ ist die Selbsttötung, die als bewußte Tat gleichfalls ein menschliches Privileg ist. Beide bringen für sich genommen keinen reproduktiven Vorteil, jedenfalls nicht unter den Bedingungen des Tierreichs. Unter Menschen aber kann die Reputation des männlichen Betrogenen so sehr leiden, daß die Tötung der Partnerin zu einer Sache der Ehre wird, die dann vielleicht wieder die Reproduktionschancen erhöht. Die Selbsttötung kommt dieser Konstellation am nächsten, wenn sie der Vermeidung von Schande oder anderen künftigen Übeln dient, von denen man nichts wüßte, wenn sie nicht in der Zwischenwelt als Information gespeichert wären. Aber es gibt auch manche andere Begründungen, die gleichfalls nur aus einer Zukunftsperspektive eintreten können, zum Beispiel die, daß alte Menschen in manchen Gesellschaften freiwillig aus dem Leben gehen, weil sie der Gruppe nicht zur Last fallen wollen.

Nur der Mensch kann *mit Bedacht* töten, denn nur er besitzt ein *Wissen* um den Tod, das es ihm ermöglicht, über ihn zu verfügen. Dieser Zusammenhang ist ein Musterbeispiel dafür, wie die Zusatzinformationen, die im Hiatus verarbeitet werden, das Verhalten beeinflussen. Wüßte der Löwe, daß er seinen fliehenden Rivalen töten könnte, und könnte er dieses Wissen in seine Verhaltensprogramme einbauen, würde er vielleicht sogar versuchen, den Rivalen für immer auszuschalten. Aber das Tier hat kein Wissen vom Tod. Es ist vielleicht irritiert, wenn ein wichtiges Rudelmitglied, sozusagen eine Bezugsperson, keine Antwort mehr gibt. Wir müssen auch keinen übertriebenen Anthropomorphismus befürchten, wenn wir seinen Verhaltensweisen ein Gefühl von Trauer unterstellen. Aber das entsprechende Wissen bleibt episodisch, ist kein Dauerwissen, das für die Verhaltensplanung eingesetzt werden könnte. Solches Dauerwissen setzt die Verstetigung von Erfahrungen voraus, wie sie nur von einer Vergegenständlichungssprache bewirkt werden kann. Zunächst dürfte dieses Wissen um den Tod ein evolutionäres Nebenprodukt gewesen sein, nicht nützlich, sondern eher lästig, ein Fall für die religiöse Verarbeitung der Umwelt-/Umgebungsgrenze (S. 145). Aber es wurde dann auch genutzt. Diese Nutzung des Wissens um den Tod für die endgültige ›Lösung‹ von Problemen – in so heterogenen Zusammenhängen wie dem planmäßigen Genozid, der Todesstrafe, dem Mord oder dem Freitod – ist ein Spezifikum des Menschen, eines der Danaergeschenke seiner Fähigkeit, Zwischenwelten zu konstruieren.

6 Gibt es kulturelle Evolution?

Wenn in diesem Büchlein von Evolution die Rede ist, dann ist die *biologische* Evolution gemeint. Entsprechend bedeutet ›Evolutionstheorie‹ immer ›biologische Evolutionstheorie‹, und mit evolvierten Eigenschaften des Menschen sind immer die biologisch evolvierten Eigenschaften gemeint. Dazu zählt auch und besonders die Kulturfähigkeit und -bedürftigkeit. Im vorliegenden Kapitel wird erörtert, ob und gegebenenfalls in welchem Sinne das Grundkonzept der Evolutionstheorie auch auf Kultur, Kulturen oder kulturelle Einheiten direkt angewendet werden kann.

Der Evolutionstheorie ist immer wieder einmal der Charakter einer empirischen Theorie (im Sinne etwa Poppers) abgesprochen worden; sie sei eigentlich eine Tautologie und behaupte das Überleben des Überlebenden. Das ist nicht ganz falsch. Man wird hier wohl am besten zwischen spezieller und allgemeiner Evolutionstheorie unterscheiden. Die Theorie der biologischen Evolution ist sicherlich eine vielfach empirisch getestete und vielfach bewährte *spezielle* Evolutionstheorie.[1] Eine *allgemeine* Evolutionstheorie hingegen (dazu wäre zum Beispiel die Systemtheorie Niklas Luhmanns zu zählen) kann ein fruchtbares Forschungsprogramm oder eine nützliche heuristische Matrix sein. Aber zur Gewinnung empirisch gehaltvoller und damit auch prüfbarer Aussagen muß sie erst ins Besondere transformiert werden, zum Beispiel durch Anwendung auf die Entwicklung der Materie oder der Organismen oder des Gehirns[2] oder eben der Kultur.

Auf jeden Fall wird man auch im Bereich der Kultur das Prinzip von Variation, Selektion und Stabilisierung entdecken können; es ist bei allen historisch vergänglichen Gegenständen, bei allen Veränderungen aufzufinden. Der evolutionäre Algorithmus ist so universell, daß er fast an die Seite des Kausalprinzips gestellt werden kann. Immer geht es um die Unterscheidung ›Paßt/Paßt nicht‹, und nur das Passende hat Bestand – solange es paßt; denn auch die Umwelt ändert sich ständig und fordert Neuanpassungen. In diesem Sinn also ›gibt‹ es kulturelle Evolution. Aber das ist nicht Evolution ›der‹ Kultur oder ›einer‹ Kultur, sondern Evolution *in* der Kultur. Sie findet auf allen Ebenen statt, und die Selektion wirkt in allen Systemen und Subsystemen und zwischen allen Systemen und Subsystemen – zwischen allen Entitäten, die zueinander passen müssen, um eine gewisse Stabilität zu gewinnen, bis hin zur Sandale am Fuß des Legionärs. Insofern hat die kulturelle Evolution durchaus eine ähnliche Struktur wie die biologische Evolution. Auch diese besteht ja nicht nur aus der phylogenetischen Evolution der Arten und der ontogenetischen Evolution der Individuen, sondern enthält auch die Evolution der Organe, etwa der Augen oder der Schwimmflossen, und noch eine Etage darunter die Evolution der Zelltypen, und alle hängen miteinander zusammen, weil alles gegenüber allem als Umwelt Selektionswirkung ausübt.

Gleichwohl hat die biologische Evolution Einheiten zu bieten, die vergleichsweise feste Grenzen, Außenhäute, Differenzen aufweisen und als stabile Größen gleicher Ordnung fungieren können. Biologische Arten zum Beispiel sind definierbar als Populationen, deren Mitglieder nur untereinander fortpflanzungsfähig sind. Einzelorganismen (Individuen) sind begrenzt durch Geburt und Tod. (Von Genen wird etwas später die Rede sein.) Es lag also nahe, Analoges auch in der kulturellen Welt aufzusuchen, etwas *wie* Art, Individuum oder Gen. Jedenfalls sind oder waren mehrere Konzeptionen einer kulturellen Evolution im Angebot, die als ›biologisch‹ oder zumindest als biologieverträglich firmierten. Sie sollen im folgenden kurz gemustert werden. Anschließend ist auf zwei Evolutionskategorien hinzuweisen, die speziell für die Strukturierung des kulturellen Bereichs von Bedeutung sind, die Nachahmung und den Unfall.

Ältere Bioanalogien: Spezies und Organismus

Das klassische Subjekt der (Kultur-)Geschichtsphilosophie ist die Menschheit als *Spezies*. Vordarwinistische Unternehmungen, so interessant sie auch unter biologiegeschichtlichem Gesichtspunkt sein mögen, müssen hier unerörtert bleiben. Ich setze an bei einer im vierten Kapitel bereits eingeführten Konstellation, nämlich der ethnologischen Situation, wie Franz Boas sie vorfand. Sie ist geprägt durch Langzeit-Schemata der zivilisatorischen Entwicklung, die diese zielgerecht auf den gebildeten Europäer des 19. Jahrhunderts oder den weißen Amerikaner zulaufen lassen. Als Gründerväter dieses ›ethnologischen Evolutionismus‹, wie er dann genannt wurde, gelten Lewis Henry Morgan, Edward Burnett Tylor und James Frazer. Der Weg der Menschheit führte nach ihren Vorstellungen von der Wildheit über die Barbarei zur Zivilisation, von Animismus über den Polytheismus zum Monotheismus, und ohne größeren Aufwand läßt sich dem auch Auguste Comtes Dreistadiengesetz mit der Abfolge von theologischem, metaphysischem und wissenschaftlichem Denken oder Karl Marx' Dreisprung von Sklavenhaltergesellschaft, Feudalgesellschaft und Kapitalismus anschließen.

Diese Konzeptionen haben mit der aktuellen biologischen Evolutionstheorie nichts zu tun, aber sie sind in der Nachbarschaft und im Austausch mit ihren Frühformen entstanden. Man kann sie als Verfeinerungsformen des Sozialdarwinismus ansehen, also der Vorstellung, daß die natürliche Auslese, die den Menschen hervorgebracht hat, nun im kulturellen Bereich weiter am Werke ist. Eine zweite Gedankenquelle war die Idee des ›Fortschritts‹. Wahrscheinlich ist es der schon erwähnte ›Wagenheber-Effekt‹ der technischen Kultur, der die sinnliche Erfahrungsbasis dieses Gedankens bildete: Es lag nahe, die Erfahrung der Fortschritte auf bestimmten Gebieten der Technik zu verallgemeinern zum Singular ›des‹ Fortschritts ›der Menschheit‹, der nach der Liquidierung der göttlichen Leitung der Geschichte doch noch eine gewisse Providenz garantieren konnte.[3]

Es gibt, soweit ich sehe, heute keine durchgearbeiteten theoretischen Konzepte mehr, die diesem Schema folgen.[4] Quasi heimlich und unausgesprochen wirkt es aber noch in viele Argumentationen hinein. Vermutlich gehört das ego-teleologische Denken zu den biologisch evolvierten kognitiven Universalien der Menschheit. Denn welches höhere Ziel der Schöpfung / Evolution wäre denkbar als unser hier und heute nachdenkendes Ich?

Die zweite Bioanalogie ist die des einzelnen *Organismus*. Die immense Verbreitung des Gedankens an einen Fortschritt ›der Menschheit‹ muß man sich vor Augen halten, um den relativistischen Schock zu verstehen, den Oswald Spenglers *Der Untergang des Abendlandes* (1919) auslöste. Spengler proklamierte: »›Die Menschheit‹ hat kein Ziel, keine Idee, keinen Plan, so wenig wie die Gattung der Schmetterlinge oder der Orchideen ein Ziel hat. ›Die Menschheit‹ ist ein zoologischer Begriff oder ein leeres Wort.«[5] Spengler behandelte acht Hochkulturen: Ägypten, Babylon, Indien, China, Antike, arabische, mexikanische und Gegenwartskultur als Individuen, die alle einen individuellen Lebensgang mit Frühzeit, Reifungskrise, Spätzeit, Alterungskrise und Untergang erlebten bzw. im Falle der abendländischen

Gegenwartskultur noch erleben würden. Dafür werden die Kulturen als »Individuen höherer Ordnung« etabliert, über die man die »für alles Organische grundlegenden Begriffe, Geburt, Tod, Jugend, Alter, Lebensdauer« als biologisch-biographische »Urformen« in die Geschichte hineindenken kann.[6] Mit der Darwinschen Evolutionstheorie hat auch diese Art von Biologismus nichts zu tun, aber sie kann auf einen wichtigen Problemkomplex der biologischen Perspektive aufmerksam machen.

Robert Musil hat Spenglers Argumentationsmethode parodiert: »Es gibt zitronengelbe Falter, es gibt zitronengelbe Chinesen; in gewissem Sinn kann man also sagen: Falter ist der mitteleuropäische geflügelte Zwergchinese [...]. Daß der Falter Flügel hat und der Chinese keine, ist nur ein Oberflächenphänomen.«[7] Die zentrale Argumentationsfigur Spenglers, die Musil damit charakterisiert, ist die Analogie. Das macht den Fall Spengler auch von seiner Methode her zu einem interessanten Exempel. Er benutzt eine Figur, die man als selbsttragendes analogisches Dreieck bezeichnen könnte. Er arbeitet die analogen Ablaufstrukturen der acht Kulturen heraus, und als Schablone für das Auffinden des ›Wesentlichen‹ wird die Analogie zum Lebensablauf der organischen Individuen benutzt. Das Ergebnis ist eine Konstruktion, in der alle Elemente Stütze und Gestütztes zugleich sind.

Es gibt jedoch keine Notwendigkeit, die acht von Spengler genannten ›Kulturen‹ zu privilegieren, und es gibt keine Notwendigkeit, den Einzelorganismus als Modell der Analogie heranzuziehen. Ebensogut ließe sich ein kleinasiatischer Stadtstaat isolieren oder das Reich der Khmer, und statt des Einzelorganismus könnte man auch die Tages- oder Jahreszeiten heranziehen (wie das in zyklischen Weltbildern ja auch geschieht). Als Arnold Toynbee mit seiner monumentalen *Study of History* eine Art Antwort auf Spengler geben wollte, operierte er mit einundzwanzig Kulturen und ordnete sie so an, daß wieder, wie bei den ethnologischen Evolutionisten, ein folgerichtiger Weg von den ›Primitivgesellschaften‹ zu den Kulturen mit ›höheren Religionen‹ entstand. Aber die Kardinalfrage, was denn nun als die Entwicklungseinheit einer Kultur anzusehen sei, wurde auch von ihm nicht befriedigend gelöst.

Die aktuelle Bioanalogie: Gen/Mem

Die Soziobiologie rückte mit den Konzepten der ›kin selection‹ und der ›inclusive fitness‹ die Bedeutung der Gene ins rechte Licht. Da lag es nahe, auch in der Kultur etwas Genartiges zu suchen.

Edward O. Wilson, der große Propagator der Soziobiologie, hat zu diesem Zweck zusammen mit Charles Lumsden das ›Kulturgen‹ erfunden. Das ist nicht etwa ein somatisches Gen, das zur Kultur befähigt, sondern die kleinste ›erbliche‹ Einheit von Kultur. Das Wort wurde aber schon bald von ›Mem‹ abgelöst. Wilson selbst schreibt dazu:

Die Idee einer Kultureinheit als des grundlegenden Elements schlechthin gibt es seit mehr als dreißig Jahren und ist von verschiedenen Autoren unter wechselnden Bezeichnungen aufgegriffen worden – mal als Mnemotype, mal als Idee, Idene, Mem, Soziogen, Konzept, Kulturgen oder Kulturtypus. Der Begriff, der sich am stärksten durchgesetzt hat und den ich für den endgültigen Gewinner halte, ist »Mem«, 1976 eingeführt von Richard Dawkins in seinem einflussreichen Werk *Das egoistische Gen*.[8]

Seit gut 30 Jahren gibt es also dieses Wort. Sein Erfolg beruht nicht zuletzt auf seiner Assoziationsaura, die mit dem neuen

Wort ein neues theoretisches Konzept mit eigener Erklärungskraft versprach. Damals, in der Blüte des Strukturalismus, waren Wörter auf -em (Phonem, Mythem, Graphem …) beliebt zur Bezeichnung der jeweils kleinsten Einheiten irgendeiner Sache. Der Anklang an ›Gen‹ sorgte für den biologischen Hausgeruch. Der Anklang an *memoria* oder *memory* schließlich wies in die Richtung von Theorien wie der des *Mémoire collective* von Maurice Halbwachs. Dawkins führte das Wort im letzten Kapitel seines Bestsellers *Das egoistische Gen* ein. Er empfand zwar vorübergehend selbst Unbehagen bei dem, was er da losgetreten hatte. So schreibt er in seinem Buch *Der entzauberte Regenbogen*, in dem er über bildhafte Rede in den Wissenschaften reflektiert:

> Ob der Vergleich zwischen Gen und Mem gute oder schlechte poetische Wissenschaft darstellt, ist umstritten. Bei ausgewogener Betrachtung halte ich ihn immer noch für gut, aber wenn man den Begriff im Internet sucht, stößt man auf eine regelrechte Fangemeinde, die es zum Teil heftig übertreibt. Offensichtlich entwickelt sich langsam sogar eine Art Religion der Meme – ich weiß nicht recht, ob das vielleicht ein Scherz sein soll.[9]

Aber leider hat er diese eher selbstkritische Linie später wieder verlassen.[10]

Was also sind ›Meme‹? Früher hätte man von Traditionselementen oder von Ideen gesprochen, auch von Skripten, Schemata, Ideologien, Gassenhauern, Gedanken, Theorien, Werken … Auch Daniel C. Dennett meint in *Darwins gefährliches Erbe* (1997):

> Diese neuen Replikatoren sind, grob gesagt, Ideen […] – zum Beispiel die Ideen Bogen – Rad – Kleidung tragen – Blutrache – rechtwinkliges Dreieck – Alphabet – Kalender – die *Odyssee* – Infinitesimalrechnung – Schach – perspektivisches

Zeichnen – Evolution durch natürliche Selektion – Impressionismus – *Greensleeves* – Dekonstruktionismus – […]. Die ersten vier Töne von Beethovens fünfter Symphonie sind eindeutig ein Mem, denn sie vermehren sich selbst unabhängig von der übrigen Symphonie und behalten dabei immer eine gewisse gleichartige Wirkung (einen phänotypischen Effekt); deshalb gedeihen sie auch in einem Umfeld, in dem Beethoven und seine Werke unbekannt sind.[11]

Zuweilen hat man den Eindruck, der Ehrgeiz der Autoren richte sich darauf, möglichst heterogene Entitäten unter dem Mem-Dach zu versammeln, wo natürlich auch längst schon Computerviren hausen. Schlimmstenfalls werden höchst unbestimmte Kräfte ins Werk gesetzt, geradezu mythologische Einheiten, gute und böse Dämonen und Dämönchen, die um den Besitz unseres Gehirns und damit ihre eigene Vermehrung kämpfen, Engel, Teufel oder Aliens.[12] Wir haben es mit dem nicht eben seltenen Phänomen zu tun, daß ein rationalistischer Ansatz schließlich in ›wissenschaftlich gestützten‹ Aberglauben mündet. Daß Dawkins' hübscher Einfall so aus dem Ruder laufen konnte, hat er vermutlich der schlechten Plausibilität der Analogie zu verdanken.

Der schnelle Sprung vom egoistischen Gen zum egoistischen Mem schleppt die falsche Intentionalität des Ausgangsbegriffs mit sich und produziert entsprechende Gespenster. Tatsächlich kann ein Gen nicht egoistisch sein, sowenig wie ein Ziegel, der vom Dach fällt. Der Ziegel muß fallen, das Gen muß sich replizieren, wenn sie nicht durch äußere Widerstände daran gehindert werden. Wer Ziegeln, Genen usw. Egoismus unterstellt, begeht einen Kategorienfehler, wie man ihn sonst eigentlich nur bei postmodernen Denkern oder in magischen Weltbildern findet. Für Dawkins, den *Professor of the Public Understanding of Science*, ist aber die bildhafte Rede eine didaktische Lizenz, die wir ihm nicht verübeln sollen, da sie ja einem guten Zweck dient. Das Problem ist nur, daß der Bildteil der Redewendung vom egoistischen Gen sich selbständig macht und weiterwuchert und damit zu einer falschen Lehre wird. Diese wuchert bereits bei Dawkins selbst weiter: Der Körper oder das Individuum ist dann eine Maschine, die vom Gen konstruiert wurde, damit es darin überleben kann.[13] Da wird dem Gen also bereits Ingenieurs-Intentionalität unterstellt. Und Dennett überträgt den Gedanken sogleich auf die Meme: »Ein Gelehrter ist nur das Mittel, mit dem eine Bibliothek eine neue Bibliothek erzeugt.«[14] Kommt als zweites hinzu, daß es Dawkins' Gene eigentlich nicht gibt, wenn man Gen als identifizierbare physikalische Einheit betrachtet. Es gibt kein Lauf-Gen, kein Liebes-Gen, wahrscheinlich nicht einmal ein ›Vorliebe-für-Zucker-Gen‹. Es sind allemal schon ganze Gen-Kombinationen, die im Verhalten sichtbar werden und die über ihren phänotypischen Ausdruck der natürlichen Selektion unterliegen. Das weiß auch Dawkins,[15] und wir wissen, daß Dawkins es weiß, deshalb dulden wir auch diese ›falschen‹ Ausdrücke als didaktische Vehikel.

Oder besser doch nicht? Die Folgen solcher Duldung zeigen sich spätestens, wenn die Ausgangsmischung von Falsch und Richtig auf dem Wege der Analogie in andere Bereiche übertragen wird, in denen die Unterscheidung nicht mehr so einfach ist. Da entstehen Chimären. »Bogen – Rad – Kleidung tragen« als egoistische intentionale Einheiten, die um die Herrschaft in unserem Gehirn kämpfen? Und ist der Anfang von Beethovens Fünfter oder das Alphabet denn wirklich *für sich genommen* replikationsfähig? Man kann die Melodie zwar immer wieder pfeifen und schließlich zum Ohrwurm ausbilden, und auch das Alphabet kann man immer wieder auf eine Tafel malen oder malen lassen. Aber *kulturelle* Einheiten sind sie dann immer noch sowenig, wie ein paar herumschwimmende Aminosäuren genetische Einheiten sind. Wie der Genotyp nicht etwa eine »Ansammlung separater, voneinander unabhängiger Gene« ist, sondern »ein gut integriertes System«,[16] so sind auch Kulturen keine bloßen Mem-Haufen. Die Meme verdanken ihre Replikationsfähigkeit immer schon dem Leben in kulturellen Kontexten (und in Körperkontexten), wie die Gene ihre Replikationsfähigkeit dem Leben in Körperkontexten (und in kulturellen Kontexten) verdanken.

Das Wort Mem muß keinen Schaden anrichten, vorausgesetzt, man hält es nicht für die Lösung irgendeines Problems. Es ist dann freilich nicht recht einzusehen, weshalb man es überhaupt benutzen soll. Sein Vorzug ist allenfalls, daß es soviel Heterogenes umfaßt, vulgo: daß es referentiell so ungenau ist. Um so mehr kann es dann als Leerformel mit Platzhalter-Qualitäten dienen. Es verdeckt damit aber, daß es in den Kulturwissenschaften bereits eine lange Tradition der Ideengeschichte, Ideologiegeschichte, Begriffsgeschichte mit einer Fülle von Materialien und Ergebnissen gibt.[17]

Handlungen. Und das Problem der Subkulturen

Mit Bioanalogien kommt man bei der Frage nach Einheiten der kulturellen Evolution nicht weiter. Wenn man gleichwohl in das Gewimmel von Selektionen unterschiedlichster Art eine Struktur hineinzudenken versucht, lohnt sich vielleicht ein Neuaufbau.

Die evolutionäre Selektion setzt beim Verhalten an. Das gilt für Menschen und Menschengruppen nicht anders als für Tiere. Allerdings wäre für den Bereich des Menschen noch eine Sonderart des Verhaltens zu berücksichtigen, die man in aller Kürze als ›Handeln‹ bezeichnen kann: ein Verhalten, das sich aus Intentionen, aus gesellschaftlich bearbeitetem Wissen und Meinen – aus der kulturellen Zwischenwelt ableitet. Obwohl strenggenommen nur Individuen handeln, kann sich dieses Handeln zu dem von Familien, Sippen, Institutionen, Völkern, Bündnissen jeder Art bündeln, soweit sich die maßgebenden Zwischenwelten überschneiden. Anderseits sind die Zwischenwelten dieser Gruppierungen in ihren nichtidentischen Teilen geeignet, deren Handeln widersprüchlich und letzten Endes unvorhersehbar zu machen.

Die Problematik, die daraus entsteht, sowohl im Gegenstandsbereich als auch bei dessen Beschreibung, kann an folgendem einfachen Beispiel deutlich werden:

Eines der menschlichen Referenzprobleme, die bis ins Pleistozän und noch weiter zurückreichen, ist das von Fortbewegung und Transport. Man kann bei der Lösung dieses Problems deutlich den ›Wagenheber-Effekt‹ beobachten, könnte eine Fortschrittsgeschichte erzählen, die sogar eine Verzahnung von biologischer und kultureller Evolution aufwiese, von der Aufrichtung des Körpers über die Erfindung des Rades bis zu den neuesten Produkten der Automobilindustrie. Es gibt die gutbegründete Vermutung, daß unsere pleistozänen Vorfahren vor der Entwicklung von Jagdwaffen ihren Eiweißbedarf durch den Verzehr von frisch verstorbenen oder getöteten Tieren deckten, deren Körper ihnen durch den Anflug der Geier signalisiert wurden. Der aufrechte Gang, die Nacktheit und die Besetzung des ganzen Körpers mit Schweißdrüsen ermöglichten es ihnen in der Savanne, die Beute früher auszumachen und in längeren Dauerläufen zu erreichen als spurtschnelle Konkurrenten wie

Löwen oder Hyänen. Und mit den freien Händen konnten sie die erbeuteten Stücke schnell in Sicherheit bringen.[18] Ähnliches geschieht heute beim Wochenendeinkauf. Wer aber durch die Ortschaften am Starnberger See schlendert und die Transportmittel wahrnimmt, die da für den Einkauf verwendet werden, wird sich verwundert fragen, ob die engen Flitzer oder die riesigen Panzer noch in irgendein rationales Problemlösungsschema passen. Sie passen durchaus. Aber das sozusagen heimliche Referenzproblem ist nicht die Erleichterung des Transports, sondern die Erringung und Bewahrung der Reputation bei den Nachbarn oder bei den Kollegen, bei der Bank oder bei der Gattin, die einen bestimmten Lebensstandard einfordert. Darüber kann man Satiren schreiben, aber man kann es auch ernst nehmen: Es ist ja nur eine Sonderform des Konformismus, und der Konformismus wiederum gehört in den Umkreis der Synchronisation der Bedürfnisse und damit der Ermöglichung von Konsens und gemeinsamem Handeln.

Allerdings ist es Konformismus in einer Subkultur. Hier hat sich also eine subkulturelle Prioritätensetzung gegen eine gesamtkulturelle durchgesetzt. Die Zielsetzungen der einzelnen Handelnden sind selten gesamtkultureller Art, sondern sie entstammen den Subkulturen, in deren Horizont sie handeln und deren Prioritäten nur in Teilmengen solche der Gesamtkultur sind. Sie können diesen widersprechen, und sie können sich sogar so weit von der Gesamtkultur abkoppeln, daß ihr Handeln ohne jeden Einfluß auf das Handeln der Gesamtkultur bleibt. Das ist sogar ein längerfristig wiederum wichtiger Status; denn in solchen abgekoppelten Subsystemen mit teilweise kuriosen Binnenregeln der Selektion (Klöstern, geisteswissenschaftlichen Fakultäten, Akademien …) können Möglichkeiten des Verhaltens und Denkens in erfolgsentlasteten Umständen erprobt oder

Vorräte möglichen Verhaltens und Denkens aufbewahrt werden, die eventuell später wieder benötigt werden. Der ganze Komplex dessen, was als ›kulturelles Gedächtnis‹ bezeichnet wird, besteht ganz wesentlich aus dem aktuell folgenlosen Lebendighalten solcher Vorräte.

Die Nachahmung des Erfolgreichen

Wenn auch das Handeln individuell ist, so finden wir es doch eingebettet in Gruppenbildungen unterschiedlicher Art und Größe, in denen das Handeln synchronisiert, abgestimmt ist, so daß der Anschein entsteht, daß die betreffende Gruppe handelt und wir im groben von Epochen, von Nationen, Gemeinden, Bewegungen usw. als handelnden Einheiten sprechen können. – Der Hauptfaktor, der dafür verantwortlich ist, braucht hier nicht ausführlich angesprochen zu werden, weil er Gegenstand des ganzen Büchleins ist: Es sind die gemeinsamen Zwischenwelten der handelnden Personen, die wir der Einfachheit halber auch als Singular behandeln: die Zwischenwelt der jeweiligen Gruppe. Da solche Zwischenwelten sprachbasiert sind, kann man etwas verkürzt auch von der gemeinsamen Sprache einer solchen Gruppe sprechen. Hier, so ist noch einmal zu erinnern, liegt die Domäne der Medien, welche die Objekte der Kommunikation als Gegenstände einer gemeinsamen Umwelt herstellen.

Aber was bewegt die Individuen überhaupt dazu, sich einer Zwischenwelt anzuschließen und sie als ihre eigene zu akzeptieren? Als erstes ist hier natürlich der Konformitätsdruck zu nennen, der von der betreffenden Gruppe (korrekt: den anderen Angehörigen der Gruppe) auf den Einzelnen ausgeübt wird. Das ist so selbstverständlich und wurde schon so vielfältig behandelt, daß ich mich gleich dem etwas komplizierteren Mechanismus zuwende: Was veranlaßt den Einzelnen, sich aus eigenem Antrieb einer Gruppe anzuschließen? Als einer der Haupttriebe des Menschen gilt von alters her die Nachahmung.[19] Sie wird verantwortlich gemacht für das Lernen, wird deshalb gelegentlich als das genaue Gegenteil instinktgeleiteten Handelns angesehen. Es ist jedenfalls ein weites Feld, das von Verhaltensbiologen, Psychologen, Soziologen, Mentalitätshistorikern und nicht zuletzt von Literaturwissenschaftlern und ihren Verwandten beackert wird. An dieser Stelle ist nur die spezielle Leistung zu erörtern, die durch eine spezielle Art der Nachahmung bewirkt wird: das Übergreifen von individuellen Problemlösungen auf ganze Personengruppen bzw. das Hineinwachsen in den Handlungskonsens einer Gruppe, das schließlich das Bild von Epochen, Strömungen, Moden, Nationen, Wertegemeinschaften usw. ergibt. Kevin Laland hat im Zusammenhang mit der ›adaptiven Werkzeugkiste‹ drei Faustregeln des Nachahmens unterschieden, die als angeboren angesehen werden können: »do-what-others-do«, »do-what-the-majority-does« und »do-what-the-successful-do«.[20] Wenn man nur einen generellen Nachahmungstrieb im Sinne der ersten Faustregel konstatiert, trifft man vermutlich nur das Verhalten von Säuglingen, die in den ersten Monaten eine leidliche Ordnung in ihren Reflexhaushalt bringen und gut daran tun, Gesehenes und Gehörtes übungshalber zu wiederholen. Aber schon diese frühen Nachahmungen sind wenigstens zum Teil auf Erfolg getrimmt: Säuglinge, die ihre Beschützer und Ernährer gelegentlich einmal anlächeln oder ihre Grimassen nachahmen, haben bessere Überlebenschancen als solche, die ihnen ausschließlich durch forderndes Geplärre auf die Nerven gehen. Ob dieses Lächeln Ausdruck eines entsprechenden Gemütszustandes ist, ist erst in zweiter Linie von Bedeutung. Die zweite Stufe, die

Nachahmung der Mehrheit, ist ein wichtiger Faktor der Synchronisation. Unter Unsicherheitsbedingungen kann man im Sinne eines Wahrscheinlichkeitsschlusses überdies erwarten, daß das Verhalten der Mehrheit das situationsgerechtere ist – mit dem entsprechenden Risiko.

Aber die Faustregel »do-what-the-successful-do« ist sicher die erfolgversprechendste (und steckt wohl heimlich auch in den anderen beiden). Sie ist vermutlich schon an Menschenaffen zu beobachten. Es stellt sich ja immer wieder die Frage, weshalb namentlich die Schimpansen unter menschlicher Aufsicht und Anleitung intellektuelle Leistungen vollbringen, die man in der freien Natur nie beobachten kann. Frans de Waal hat sich gründlich mit dem ›Nachahmungstrieb‹ der Affen befaßt und konstatiert, daß Affen »in erster Linie die Spezies nachahmen, von der sie großgezogen wurden«[21] – die Vorbilder, die sie als erfolgreich einschätzen. Kein Affe wird einen anderen nachahmen, wenn der sich vom Baum zu Tode stürzt. Kein gesunder Mensch ahmt es nach, wenn ein anderer sich einen Finger abhackt. Das ist trivial. Etwas weniger trivial ist die Umkehrung: Nachahmen als Ergebnis biologischer Selektion ist immer Nachahmen von Verhaltensweisen, die als nützlich eingeschätzt werden. Darüber, wie ein Urteil über die Nützlichkeit zustande kommt, gibt die Soziobiologie eine einfache und weiterführende Auskunft. *Nachgeahmt werden die Erfolgreichen!* Eckart Voland sieht im Prinzip der »imitation of the fittest« einen entscheidenden Ursprungsgrund der Kultur. »Bereits eine einzige Programmanweisung, nämlich ›Imitiere den Erfolgreichen!‹ könnte meines Erachtens alle Phänomene der menschlichen Kulturgeschichte zur Folge gehabt haben.«[22] Das ist ein Befund, den ich hier sicherlich nicht mit Belegen versehen muß. Das Nachahmen der Erfolgreichen führt zum soziobiologischen Selbstverstärkungseffekt:

Die Nachahmung erfolgreichen Handelns steigert die eigenen Erfolgschancen und damit auch die Vermehrungschancen der Gene, die für solche Nachahmungsbereitschaft zuständig sind. Wir werden sozusagen mit dem Imperativ geboren: »Suche nach erfolgreichen Verhaltensweisen und ahme sie nach!« Gene und Kultur stehen auch hier keineswegs in einem Ausschließungsverhältnis zueinander, etwa in dem Sinne, daß nicht die Gene für die Kultur verantwortlich wären, sondern die Nachahmung. Diesem falschen ›nicht – sondern‹ begegnet man immer wieder, und deshalb kann man nicht genug betonen: Kultur beruht unter anderem auf der *genetischen* Neigung, die Erfolgreichen (oder zumindest Erfolgversprechenden) nachzuahmen.

Dieses Prinzip ist dafür verantwortlich, daß Individuen sich an Gruppen anschließen oder in sie hineinwachsen. Es ist auch für jede Art von Mode verantwortlich, wie das schon Kant beobachtet hat: »Es ist ein natürlicher Hang des Menschen, in seinem Betragen sich mit einem bedeutenderen (des Kindes mit dem Erwachsenen, des Geringeren mit den Vornehmeren) in Vergleich zu stellen und seine Weise nachzuahmen. Ein Gesetz dieser Nachahmung, um bloß nicht geringer zu erscheinen als andere, und zwar in dem, wobei übrigens auf keinen Nutzen Rücksicht genommen wird, heißt *Mode*.«[23] Kant bezeichnet diese Neigung als Eitelkeit und Torheit, und wenn er sie als ›natürlichen Hang‹ einschätzt, dann tut er das im Sinne des Moralisten, der das Schlechte des Menschen als sein Natürliches identifiziert. Immerhin könnte man ihm entgegenhalten, daß die Nachahmung des Vornehmeren zumindest ihrem biologischen Ursprung nach durchaus auf Nutzen Rücksicht nimmt. Das Prinzip ist ererbt, aber die Füllung ist variabel. Wenn sich die Maxime erst einmal hinreichend genetisch eingenistet hat, dann muß Erfolg nicht mehr unbedingt im engen Sinne des materiellen Erfolges verstanden werden. Als erfolgreich gilt dann, was Ansehen verschafft. Das kann in entsprechenden Milieus auch der Lebensentwurf des Bettelmönchs sein.

Vielleicht sind solche Abkoppelungen schon im Tierreich zu finden. Im Manyara-Tierpark in Tansania haben die Löwen die lokale Tradition entwickelt, auf Bäumen zu schlafen.[24] Ich stelle mir vor, irgendein exzentrisches Alpha-Tier hat damit angefangen, und seither gilt es als ›chic‹.

Darwin oder Lamarck.
Intention und Unfall als Evolutionsfaktoren

Zu den stereotypen Kompromißformeln zwischen wohlmeinenden Biologen und Geisteswissenschaftlern gehört die, daß biologische Evolution darwinistisch verfährt, kulturelle hingegen lamarckistisch.[25] Damit ist der Biologie der nötige Respekt erwiesen, der Mensch aber als intentionales Wesen vor darwinistischer Deutung bewahrt. Um die Triftigkeit dieser Unterscheidung zu beurteilen, ist ein kurzer Blick auf die Begriffe selbst nötig. ›Darwinismus‹ bezeichnet in unserem Zusammenhang die Auffassung, daß Veränderungen (Mutationen) im Erbgut zielblind (›zufällig‹) erfolgen und erst durch die natürliche Selektion auf die Umwelt abgestimmt werden. Lamarckismus hingegen bezeichnet die Auffassung, daß erworbene Eigenschaften (zum Beispiel die Geschicklichkeit eines durchtrainierten Athleten) sich sogleich im Erbgut niederschlagen können. Darwin selbst vertrat beide Positionen noch nebeneinander. Erst der Neodarwinismus um 1900, der wesentlich durch den Namen von August Weismann repräsentiert ist, hat das Monopol des ›darwinistischen‹ Selektionismus begründet, indem er die Entdeckungen

Gregor Mendels einbezog: Die Erbanlagen, so ergab sich daraus, werden bei den Nachkommen nicht etwa vermischt, sondern sie bleiben (in der Regel) intakt und werden nur neu verteilt. Gleichwohl gab es noch in den dreißiger Jahren allerlei einander widersprechende Positionen. Der zweite Neodarwinismus fällt dann in die dreißiger und vierziger Jahre, wird mit den Namen Theodosius Dobzhansky, Ernst Mayr, Julian Huxley, Bernhard Rensch und George G. Simpson verknüpft und auch als »Modern Synthesis« bezeichnet, weil er nun definitiv Mendels Entdeckungen anerkannte und einige bis dahin isolierte Befunde zur Mutation und zur Populationsgenetik integrierte. Man muß sich diese recht langsame Durchsetzung des ›Darwinismus‹ im Sinne von Selektionismus vor Augen halten, wenn man die Breitenanwendung der Evolutionstheorie untersucht. Die Literatur des Naturalismus basierte noch vielfach auf lamarckistischen Positionen, ebenso Vorstellungen von décadence und Entartung um 1900, auch Sigmund Freud war Lamarckist, die Biologie der Sowjetunion und ihrer Abhängigen (Lyssenkoismus) war lamarckistisch orientiert, ebenso die Züchtungsphantasien der Nazis. Auch manche der periodisch wiederkehrenden angeblichen Darwin-Widerlegungen (oder Widerlegungen des ›Darwinismus‹) späterer Zeit glauben, lamarckistische Elemente entdeckt zu haben.

Kulturelle Evolution also als lamarckistischer Vorgang. Das ist in zweierlei Hinsicht plausibel. Erstens: Sie vollzieht sich über Lernen, deshalb können kulturelle Adaptationen sehr schnell in den jeweiligen kulturellen ›Organismus‹, d. h. in die jeweilige Zwischenwelt eingetragen und weitergegeben werden; sie können aber auch schnell wieder vergessen werden, wenn man sie nicht dauernd in Bewegung hält. Und zweitens: Die kulturellen Adaptationen sind zielgerichtet, intentional gesteuert, während der Prozeß der Darwinschen Evolution zielblind verläuft. Wir diagnostizieren ein Problem, wollen es lösen und müssen dafür nicht warten, bis ›zufällig‹ die passende physische Mutation vorbeikommt, sondern können in unserem mentalen Experimentierraum herumprobieren, bis etwas paßt. Das können wir dann flugs an unsere Mitmenschen weitergeben, oder die Mitmenschen können es bei uns abholen. Soweit möchte es fast scheinen, als habe die Evolution tatsächlich den Menschen emanzipiert und habe ihn in ein Reich von Freiheit und Selbstbestimmung entlassen.

Da tun sich dann aber schnell Grenzen auf. Zwar handeln die Menschen auf Grund bewußter Intentionen (die unbewußten kommen noch dazu, aber hier können sie aus dem Spiel bleiben). Doch intentionales Handeln ist keineswegs immer erfolgreich. Die Statistik sagt uns: Im Jahr 2005 kamen laut offizieller Zählung 5361 Menschen im deutschen Straßenverkehr ums Leben. Jeder von ihnen hatte die Intention, von A nach B zu kommen, (fast) keiner hatte die Intention zu sterben. Die beste Intention kann fehlschlagen, wenn man selbst oder ein anderer ungeschickt ist, das Wetter Kapriolen schlägt, die Technik versagt usw. Für das unerwartete katastrophale Ende einer intentionalen Handlung haben wir das Wort ›Unfall‹. Mit solchen Unfällen aber werden wir gerade bei menschlichen Interaktionen unentwegt konfrontiert, weil diese Interaktionen immer wieder auf unvollständigem Wissen basieren und von unabgestimmten individuellen oder subkulturellen Interessen geleitet sind. Schon das Einbiegen in eine Straße, in der bereits ein anderer fährt, kann zwei Intentionen zu katastrophalem Scheitern bringen. Lassen wir die Halter der Automobile am Starnberger See einem missionierenden Umweltschützer begegnen, dann zeigt sich schnell, wie partikulare Interessen verschiedener Zwischenwelten durch ihre Interaktion schwer berechenbare Situationen herstellen und die Risiken – die ›doppelte Kontingenz‹ – solcher Begegnungen wachsen lassen. Wenn man das hochrechnet, landet man schnell bei ungewollten Kriegen. Während des ›Kalten Krieges‹ bestand eine wesentliche Aufgabe der beteiligten Mächte darin, das *versehentliche* Ausbrechen eines ›heißen‹ Krieges zu verhindern. Und ebenso sind natürlich alle gewollten Kriege, die mit Niederlagen enden, schmerzliche Unfälle.

Nicht viel anders, wenngleich nicht tödlich, gestaltet sich die Situation an der Börse, bei der Werbung um eine Person des anderen Geschlechts, beim Bestellen eines Wiener Schnitzels, überhaupt bei jeder Handlung mit einem Risiko. Das ist dann immer die Stunde Darwins, in der intentionale Handlungen zu Unfällen führen, die das Handeln der letztlich doch ›natürlichen‹ Auslese aussetzen. Ursache dafür ist das, was zuweilen als ›Freiheit‹ des Menschen gepriesen wird.

Nachahmung, Intention und Unfall – das sind drei Kategorien, mit denen Veränderungen der Kultur beschrieben werden können.

7 Biogene Aporien und Irrtümer

In der nun folgenden Kapitelreihe werden einige Schlaglichter auf die kognitiven Kulturleistungen zu werfen sein, wie sie sich unter Berücksichtigung der biologischen Vorgaben darstellen.

Die Auffassung, daß unser Geist ein getreuer Spiegel der Wirklichkeit sei, wird heute kaum mehr ernsthaft vertreten. Es gibt eine Art Konsens darüber, daß wir die Welt auf Grund bestimmter vorgegebener Kategorien strukturieren oder überhaupt erst herstellen. Strittig ist allerdings, wie radikal dieser ›Konstruktivismus‹ zu handhaben sei und woher die vorgegebenen Kategorien stammen. Aus evolutionärer Perspektive lautet die Antwort, daß die Instrumente unseres Denkens anhand der Brauchbarkeit für Überlebens- und Reproduktionsleistungen selektiert wurden. Sie stellen uns einen großen Schatz an phylogenetischer Erfahrung zur Verfügung, aber nur für den Weltausschnitt, in dem wir uns planend und handelnd bewegen, den ›Mesokosmos‹.[1] »Wir können sozusagen froh sein, daß wir es in der Evolution überhaupt bis zur theoretischen Erkenntnis gebracht haben.«[2]

Immanuel Kant hat die entsprechende Erfahrung am Beginn seiner *Kritik der reinen Vernunft* formuliert:

> Die menschliche Vernunft hat das besondere Schicksal in einer Gattung ihrer Erkenntnisse: daß sie durch Fragen belästigt wird, die sie nicht abweisen kann, denn sie sind ihr durch die Natur der Vernunft selbst aufgegeben, die sie aber auch nicht beantworten kann, denn sie übersteigen alles Vermögen der menschlichen Vernunft.[3]

Die evolutionäre Sichtweise kann dieses Problem zwar nicht lösen, aber sie kann es erklären. Unsere Erkenntniskräfte wurden nicht selektiert für die folgenlose Beantwortung von Fragen nach dem ›Ganzen‹, nach der Struktur der Welt, dem Sinn der

Geschichte oder der Bestimmung des Menschen. Diese Fragen haben eher den Charakter eines Nebenprodukts oder Folgeproblems der menschlichen Evolution. Sie sind darum nicht sinnlos, denn sie halten die Umwelt / Umgebungsgrenze in Bewegung. Aber man darf sich nicht wundern, wenn man keine stichhaltigen Antworten auf sie erhält.

Anders steht es um das biogene Irrtumspotential. Hier hat die Biophobie der Geistes- und Gesellschaftswissenschaften eine üble Lücke verursacht: Es wäre an der Zeit, das Forschungsprogramm einer biologischen Ideologiekritik in Angriff zu nehmen. Ein solches Forschungsprogramm könnte das leisten, was manche Vertreter der Humaniora durch bloßes Wegsehen zu erreichen versuchen: eine Überwindung bestimmter biologischer Determinanten durch die Kraft der Reflexion. Ich will hierzu ein paar Hinweise geben.

Zweierlei Wahrheiten, dreierlei Wahrheiten

Ich beginne gleich ganz oben, bei den sogenannten Wahrheitstheorien,[4] und bei einem Kardinalproblem, nämlich der Hypostasierung (vgl. S. 24).

Man kann – unter gleich noch zu erörternden Voraussetzungen – von einer Aussage sagen, daß sie ›wahr‹ ist. Man kann dieses Adjektiv substantivieren und von der Wahrheit einer Aussage sprechen. Das ist gemeint, wenn der Zeuge schwört, daß er die Wahrheit, die ganze Wahrheit und nichts als die Wahrheit zu sagen beabsichtigt: Es sind wahre Sätze, die von ihm verlangt werden. Aber mit dieser Substantivbildung stößt man die Tür auf zur Hypostasierung einer platonischen Ideenwelt. Die ›ganze Wahrheit‹ (oder zumindest die ganze relevante Wahrheit) versprechen uns auch die Religionen und manche Philosophen. Da geht es aber nicht mehr um eine Eigenschaft von Sätzen, sondern um eine Korrespondenz von Mikrokosmos und Makrokosmos, Innewerden der eigenen Seinsbestimmung, Entbergung des Seins im Kunstwerk und ähnliche wertvolle Sachverhalte. Wahrheit bekommt Dingcharakter, und zwar den Charakter eines verborgenen Dings, zu dem man nur durch besondere Methoden, am besten eine Offenbarung oder Einweihung, Zugang gewinnt. Da kann man dann sagen (oder glauben): »Ich bin der Weg, die Wahrheit und das Leben.« (Johannes 14,6) Letztlich will ein solcher Wahrheitsanspruch soviel und sowenig sagen wie: Meine/unsere Lebens- und Weltkonzeption ist die richtige.

Die Mehrdeutigkeiten, die beim Gebrauch der Begriffe Wahrheit und Wahrheitstheorie auf diese Weise entstehen, sind teilweise gewollt und für die Lebenspraxis zuweilen auch nützlich. Sie ermöglichen es, einerseits mit referentiellen, instrumentellen Wahrheiten zu operieren, anderseits aber auch aus dem ›Ganzen‹ starker Grundüberzeugungen heraus zu handeln und zu reden. Das Leben ist voll von Situationen, in denen man sich nicht allein an geprüften wahren Sätzen orientieren kann, sondern zu solchen Grundüberzeugungen greifen muß. Problematisch aber ist die Konfusion beider Wahrheitsbegriffe. Wenn jemand zu der Erkenntnis durchgestoßen ist, daß man das ›Ganze‹ der Wahrheit nicht haben kann, bedeutet das noch lange nicht, daß man ihm jeden Schwindel durchgehen lassen muß. Umgekehrt wird jede argumentative Auseinandersetzung unmöglich, wenn einer der Partner sich im Zweifelsfall auf die unzugängliche Subjektivität ›seiner‹ Wahrheit/Grundüberzeugung zurückzieht.

Im folgenden jedenfalls wird Wahrheit als eine Eigenschaft von Sätzen aufgefaßt. Wahrheitstheorien in diesem Sinne sind zunächst einmal Wahrheits*definitionen*, d. h. Auskünfte darüber, unter welchen Voraussetzungen man Sätze als ›wahr‹ zu bezeichnen pflegt. In einem zweiten Schritt wird dann erklärt, warum das so ist, d. h., mit dem instrumentalistischen Ansatz wird dann eine im Grundsatz *empirische* Wahrheitstheorie herangezogen. – Wie es sich gehört, gibt es drei Wahrheits-›Theorien‹/-Definitionen (und noch ein paar Unter- und Nebentheorien).[5]

Als erste ist die Korrespondenz-Theorie zu nennen, weil sie die älteste und in der Lebenspraxis vermutlich verbreitetste ist. Sie besagt, daß eine Aussage dann wahr ist, wenn sie mit den Tatsachen übereinstimmt. So ähnlich hatte das schon Aristoteles formuliert, ebenso Thomas von Aquin und last but not least meine Eltern. Die Aussage: »Der Schnee ist weiß«, ist genau dann wahr, wenn der Schnee weiß ist. Gegen diese Auffassung gibt es eine Reihe von Einwänden. Der wohl am weitesten verbreitete Einwand besagt, daß Aussagen immer nur mit anderen Aussagen verglichen werden können, nicht aber mit Tatsachen, weil diese (wenn es sie überhaupt gibt – na gut!) nicht zum System Sprache gehören. Man könne die Aussage »Der Schnee ist weiß« nur mit einer anderen Aussage konfrontieren, also zum Beispiel »Der Schnee ist schwarz«, nicht aber mit einer sprachunabhängigen Erfahrung von schwarzem Schnee, schon deshalb nicht, weil dazu eine dritte Instanz gehörte, die über beide, Aussage wie Erfahrung, wahre Urteile fällen können müßte (deren Wahrheit von einer vierten Instanz beurteilt werden müßte usw.). Diese Disqualifizierung der Korrespondenz-›Theorie‹ widerspricht zwar aller Lebenspraxis. Sie weist aber immerhin darauf hin, daß hier ein Problem liegt, zumindest für einige Philosophen. In unserem Alltagshandeln jedoch vergleichen wir ständig die Informationen mehrerer Quellen und kommen damit ganz gut zurecht. Strenggenommen sind das allerdings Konsistenzprüfungen ohne sichere Gewißheitsbasis. Wenn der Vergleich aller uns relevant erscheinenden Informationsquellen keinen Widerspruch ergibt, dann sind wir's zufrieden und halten die entsprechenden Aussagen für ›wahr‹.

Das führt hinüber zum zweiten Wahrheitsbegriff, zur Kohärenz- oder Widerspruchsfreiheits-›Theorie‹ der Wahrheit: Wenn wir ihr folgen, dann besteht Wahrheit nicht in einer Entsprechung von Aussagen und Tatsachen, sondern in der Verträglichkeit von Aussagen mit anderen Aussagen. Auch dafür gibt es gewichtige Belege aus unserem Alltag. Allerdings gibt es da eine Asymmetrie: Man wird Äußerungen, die logische Fehler aufweisen, nicht als ›wahr‹ akzeptieren. Ob man allerdings Äußerungen schon deshalb als ›wahr‹ einstuft, weil sie kohärent oder konsistent sind, hängt von zusätzlichen Voraussetzungen ab. Wenn man zum Beispiel den Hegelschen Lapidarsatz voraussetzt: »Was vernünftig ist, das ist wirklich; und was wirklich ist, das ist vernünftig«,[6] dann kann man diese Auffassung durchaus mit einiger Konsequenz vertreten: Eine ›Wirklichkeit‹, die nicht kohärent (›vernünftig‹) ist, wäre demnach bloßer Schein; da hat dann das berüchtigte Hegel-Diktum »Um so schlimmer für die Tatsachen« durchaus Sinn. Es ist ja die Kernüberzeugung aller idealistischen Auffassungen (und in diesem Sinne wird die Marke ›Idealismus‹ hier generell gebraucht), daß das erkennende Subjekt über ein verläßliches Vor-Wissen verfügt, das nur begrifflich ausgewickelt werden muß, während die Tatsachen bestenfalls als Katalysatoren oder veranschaulichende Beispiele taugen. Aber das heißt auch: Die Kohärenztheorie ist nur tragfähig auf der Basis eines festen Glaubens an diese A-priori-›Richtigkeit‹ der menschlichen Vernunft. Ohne diesen Glauben gilt das Bertrand Russell zugeschriebene Wanderzitat: »Eine inkonsistente Theorie kann nicht ganz richtig, aber eine konsistente Philosophie kann sehr wohl völlig falsch sein.«[7]

Der dritte Kandidat ist die Konsens-›Theorie‹ der Wahrheit (vgl. auch S. 55): Als wahr ist eine Aussage dann einzustufen, wenn ihr alle relevanten Gesprächsteilnehmer zustimmen. Diese Auffassung nimmt die Kritik an den anderen beiden auf und verlegt die Begründungsbasis ins Soziale. Auch für diese Auffassung läßt sich einiges anführen. Die Geschichte ist freilich auch voll von haarsträubendem Unsinn, der auf Konsens beruhte. Deshalb müssen Vertreter der Konsenstheorie – wie zum Beispiel Apel oder Habermas – eine *ideale* Sprechsituation bemühen, in der keineswegs jeder vor sich hinplappern darf, sondern nur die relevanten oder kompetenten Gesprächsteilnehmer – die natürlich auch darüber entscheiden, wer relevant und kompetent ist: eine zirkuläre Begründung.

Das Argumentationsarsenal dieser ›Theorien‹ ist das reflexionswissenschaftliche der Begründungsphilosophie mit den traditionellen Fragen nach der apriorischen ›Bedingung der Möglichkeit von‹ und/oder dem ›Wesen von‹. Man kann diese Fragestellung umbiegen ins Realwissenschaftliche, d. h. in den Rahmen einer empirisch-anthropologischen Fragestellung einstellen (die idealistische ›Theorie‹ zum Gegenstand einer empirische Theorie machen). Es geht dann nicht mehr darum, was Wahrheit ist, sondern darum, weshalb die Menschen etwas für wahr halten, also um Plausibilität und um deren *Ursachen* sowie um die Frage, weshalb wir überhaupt von Wahrheit sprechen. Konsens *und* Kohärenz *und* Korrespondenz bezeichnen dann Bedingungen, unter denen uns eine Aussage oder Auffassung plausibel erscheint. Diese Bedingungen aber sind Bedingungen sehr elementarer Art, von denen wir vermuten dürfen, daß sie bereits in der Environment of Evolutionary Adaptedness (EEA) unserer kognitiven Grundausstattung, d. h. grob gesprochen im Pleistozän, gegolten haben. Wenn die biologische Selektion beim Verhalten/Handeln ansetzt, dann gilt das auch für die kognitiven Voraussetzungen des Handelns. Deren Bewährungsprobe lag nicht bei der Schau des Weltganzen, sondern beim nächsten Handlungsschritt im Kampf ums Dasein.

Instrumentalismus

Zur näheren Erläuterung ist noch eine weitere Wahrheitskonzeption einzuführen. Sie wird im philosophischen Milieu etwas scheel angesehen:

> Instrumentalismus (lat.), philosoph. Anschauung (J. Dewey), nach der die menschl. Intelligenz nur Instrument der Anpassung an die Realitäten ist. Die Gedanken, Vorstellungen u. a. unterscheiden sich nur nach ihrer entsprechenden Brauchbarkeit.[8]

So stand es in einem der zahlreichen Philosophischen Wörterbücher, die das Internet besiedeln. Hinzuweisen ist bei dieser Definition zunächst auf das zweimalige Erscheinen des Wörtchens »nur«. *Nur* Instrument, *nur* nach ihrer entsprechenden Brauchbarkeit. Damit ist diese »philosoph. Anschauung« überreich als defizitär gekennzeichnet. Ich will sogar noch weiter gehen: Es ist gar keine »philosoph. Anschauung«, sondern eine kognitionsbiologische Hypothese, die auch den Wahrheitsbegriff einem empirischen, realwissenschaftlichen Zugriff darbietet. Dieser Instrumentalismus gehört zu den ersten großen intellektuellen Erschütterungen der geistigen Welt durch den Darwinismus. Er ist in Deutschland dann bald wieder durch die geisteswissenschaftlichen Gegenströmungen zurückgedrängt worden, hatte aber in den letzten Jahrzehnten des 19. Jahrhunderts einige Bedeutung. Schon hier gab es Tendenzen zu einer

Art Panlinguismus und Panfiktionalismus, der beim instrumentellen Charakter unserer Kognitionen und insbesondere beim weltkonstituierenden Charakter der Sprache ansetzte. Der erste Schub reichte von Ernst Mach,[9] der mit seinem Begriff der Denkökonomie eine frühe instrumentalistische Denkposition einnahm und ganz folgerichtig auf den Fiktionscharakter unserer Wirklichkeitsbilder stieß, über Fritz Mauthner, der die Sprache als brauchbares Werkzeug fürs ›irdische Wirtshaus‹ klassifizierte, das aber zum irreführenden Marterinstrument wird, wenn man Wahrheit von ihr erwartet, bis zu Hans Vaihinger, der ein ganzes System des Fiktionalismus entwarf. Mauthner wie Nietzsche blieben letztlich in der theatralischen Schreckensstellung der enttäuschten Idealisten befangen, die immer wieder von neuem in dieselben Klagen oder Befreiungsschreie ausbrechen: Klagen darüber, daß all unsere scheinbar eingeborenen Ideen sich nicht rechtfertigen lassen, sondern ›nur‹ Produkte der Sprache sind, und Befreiungsschreie, weil auf diese Weise der alte Gott und seine Zersetzungsprodukte erledigt schienen. Die fetzigsten Formulierungen für diesen manisch-depressiven Zustand hat Friedrich Nietzsche gefunden, der deshalb bis in die Gegenwart als Zitatensteinbruch für professionelle Entlarver dienen kann.[10] Was von der darwinistischen Erschütterung an ideengeschichtlicher Breitenwirkung immerhin blieb, war eine erhöhte kritische Aufmerksamkeit auf die Sprache (der ›linguistic turn‹ liegt um 1880-1900). Dominierend blieb dabei aber die idealistische Grundhaltung. Auch der letzte Versuch, die Tendenzen des 19. Jahrhunderts auf der Basis der biologischen Verhaltensforschung wiederaufzunehmen, die ›Evolutionäre Erkenntnistheorie‹ der siebziger und achtziger Jahre, konnte sich nur unvollständig aus der Tradition des Rechtfertigungsdenkens lösen und geriet folgerichtig ins Sperrfeuer der Transzendentalphilosophie.[11]

In einem instrumentalistischen Wahrheitsbegriff sind die drei ›Wahrheitstheorien‹ recht gut unterzubringen. Allerdings handelt es sich dann eher um drei Gruppen von Motiven, aus denen die Menschen Aussagen für wahr oder plausibel halten. So ist die Auffassung von der Korrespondenz von Aussagen und Tatsachen wahrscheinlich evolutionär tief in uns verankert: Unser kognitiver Apparat hat sich im Laufe der Evolution so entwickelt, daß er uns ein für die Reproduktion hinreichend langes Leben ermöglicht, und das heißt: Er ›paßt‹ ziemlich gut in die Umwelt, in der wir uns bewegen. Ob man dieses Passen als Erkenntnis oder gar als Wahrheit bezeichnet, ist eher nebensächlich. Das Problem, wie die Lücke zwischen Aussagen und Tatsachen überbrückt werden kann, ist jedenfalls auf dieser Ebene leicht zu lösen: Die Brücke zwischen Aussagen und Tatsachen besteht in *Handlungen* (wozu auch Nichthandlungen zählen) und ihren Folgen. Kurioserweise wird der Eingriffscharakter von Beobachtungen von manchen Denkern sogar als Gegenargument gegen die Korrespondenztheorie angeführt: Gemäß der Lehre von der Heisenbergschen Unschärferelation würden Tatsachen durch unsere Beobachtungen bereits verändert. Das mag ja sein (obwohl ich zweifle, ob Heisenberg alle Unschärfen gebilligt hätte, die man sich in seinem Namen leistet). Aber Bedeutung hat das nur, wenn man sich unter Wahrheit die Wahrnehmung des unberührten Weltganzen vorstellt. Davon ist hier nicht die Rede. Aussagen haben die biologische Funktion, Informationen über die Umwelt zu konservieren und zu transportieren, damit man in dieser Umwelt erfolgreich handeln kann. Ist eine solche Information falsch, dann führt das zu unangepaßtem Handeln. Unangepaßtes Handeln aber tut in irgendeiner Weise weh; wir werden deshalb im Falle einer Schmerzmeldung unseren Informationspool so umzubauen versuchen, daß es beim Handeln nicht mehr weh tut (oder aus der Evolution verschwinden). Als wissenschaftlich ausgearbeitete Methode nennt man das dann Falsifikation.

Da wir aber Beobachtungen immer schon im Lichte von Erwartungen/Theorien durchführen, spielt auch das Moment der Kohärenz eine große instrumentelle Rolle. Das liegt nicht nur daran, daß unser kognitives System autopoietisch strukturiert ist, d. h. Neues nur als Bestätigung oder Irritation des Alten verarbeitet, sondern hat auch große Bedeutung für die praktische Orientierung. Da wird es dann sinnvoll sein, immer wieder Konsistenz- oder Kohärenzproben durchzuführen, mit denen wir eine Information in den Kontext anderer Informationen (und Informationsquellen) stellen. Denn widersprüchliche Informationen sind instrumentell wertlos. Das ist die evolutionäre Wurzel unserer Neigung, kohärenten Informationen mehr zu trauen als inkohärenten (Kohärenztheorie). Erst wenn Dialektiker auf den Gedanken kommen, die Unendlichkeit in ihre Reflexionen aufzunehmen, kann die Widersprüchlichkeit von Aussagen zum Siegel der Wahrheit werden, der ›höheren‹ Wahrheit, versteht sich. Für die einfache Wahrheit der Leute, die Pilze sammeln oder Kernkraftwerke bauen, gilt weiterhin: Wenn eine zwischenweltliche Information zu der Auskunft führt, daß ein Pilz sowohl giftig ist als auch nicht oder daß ein Kernkraftwerk vielleicht explodiert oder auch nicht, dann ist diese Information unbrauchbar. Auch hier ist das Handeln die entscheidende Probe.

Darüber hinaus ist es selbstverständlich auch nützlich, die Erfahrungen unserer Mitmenschen zu Rate zu ziehen, unser Wissen mit ihrem Wissen abzugleichen, es gemeinsam zu nutzen und zum Zwecke gemeinsamen Handelns gemeinsame Wissensbestände zu pflegen (Konsenstheorie). Alle drei ›Theorien‹

bezeichnen Prinzipien, denen evolutiver Nutzen unterstellt werden kann und von denen man deshalb mit guten Gründen annehmen kann, daß sie uns angeboren sind. Tierfreunde werden uns überdies darauf hinweisen, daß auch viele Tiere aus Schaden klug werden und zumindest ansatzweise auch Informationen austauschen.

Aber wie dem auch sei: Es kommt beim Menschen als wesentliches Moment die Menschen-Sprache hinzu und damit die Möglichkeit, Wissen zu vergegenständlichen. Das ist eine recht ambivalente Gabe der Evolution. Ihr verdanken wir zum Beispiel eine Fülle falscher Vergegenständlichungen, die Vorstellung, daß das Fiktionale oder das Reale oder das Imaginäre oder die Wahrheit und vieles andere etwas sei, dem Dingcharakter zukommt. Aber aufs Ganze gesehen waren solche Vergegenständlichungen höchst nützlich. Ihnen verdankt die Art homo sapiens wahrscheinlich ihren immensen evolutionären Erfolg, und dieses Erfolges wegen wurde auch das Irrtumspotential durch die Evolution mitgeschleppt.

Induktionsinstinkt

Die wichtigste Methode des Sammelns und Speicherns von Informationen und zugleich eines der lästigsten philosophischen Probleme ist das Verfahren der *Induktion*. Francis Bacon wurde dadurch zum theoretischen Vater der modernen empirischen Wissenschaften, daß er dieses Verfahren als einzig sicheren Weg zur Wahrheit ausrief. Die Vorstellung einer Wissensgewinnung im stetigen Stufengang von der Einzelbeobachtung zu Begriffen und Aussagen von immer höherer Allgemeinheit bestimmt auch heute noch das populäre Verständnis empirischer Wissenschaft.

Der Schluß von der Einzelbeobachtung oder auch von vielen Einzelbeobachtungen auf eine allgemeine Regel ist jedoch unter dem Gesichtspunkt strenger Logik ein recht ›schlampiges‹, eigentlich unmögliches Verfahren. Wolfgang Stegmüller hat das prägnant formuliert: »Entweder ist ein Schluß korrekt; dann ist er zwar wahrheitskonservierend, aber nicht gehaltserweiternd. Oder aber er ist gehaltserweiternd; dann haben wir keine Gewähr dafür, daß die Konklusion wahr ist, selbst wenn sämtliche Prämissen richtig sind.«[12] Oder anders ausgedrückt: Beim korrekten logischen Schließen wird die Wahrheit (der ›Gehalt‹) der Prämissen auf die Schlußfolgerung übertragen, aber es gibt keinen ›Wahrheitszuwachs‹. Ein Wahrheits- oder Informationszuwachs (eine ›Gehaltserweiterung‹) ist nur durch einen Verzicht auf logische Notwendigkeit zu erkaufen. Induktionsschlüsse sind grundsätzlich in diesem Sinne gehaltserweiternd, aber nicht notwendig. Ich kann aus eigener und fremder Erfahrung den Schluß ziehen: »Metall ist härter als Holz.« Aber korrekt wäre dieser Schluß nur, wenn diese Erfahrung sämtliches Holz und Metall des Universums umfaßte. Trotzdem sind wir mit dieser Verallgemeinerung (Gehaltserweiterung) einigermaßen zufrieden. Wir wenden sie an, bis wir vielleicht durch einen Fehlschlag unserer Handlungen zu einer Korrektur veranlaßt werden. Schon David Hume meinte denn, die Verallgemeinerung von Erfahrungen sei zwar philosophisch nicht zu rechtfertigen, aber sie sei als Gewohnheit in der menschlichen Natur verankert und so erfolgreich, daß »nur ein Narr oder ein Wahnsinniger« auf sie verzichten würde.[13] Solche gehaltserweiternden (›ampliativen‹) Schlüsse mögen zwar logisch inkorrekt sein, aber lebenspraktisch sind sie ungemein nützlich – wenn man mit ihnen entsprechend behutsam umgeht und die Gehaltserweiterung ihrerseits kritisch prüft. Dazu gehört ganz wesentlich, daß die

Erweiterung nur Sachverhalte der gleichen Kategorie umfaßt (mit dem Folgeproblem: Welche Eigenschaften sind maßgeblich für die Zuordnung zu einer Kategorie?). – Auf diesen Punkt, die Unentbehrlichkeit von Gehaltserweiterungen und die Unentbehrlichkeit kritischer Prüfungen, wird im weiteren öfter zurückzukommen sein.

Bis in die Wissenschaftstheorie der Gegenwart gilt jedenfalls der Aphorismus: »Induktion ist der Siegeszug der Naturwissenschaft und die Schmach der Philosophie.«[14] Als eine Art Vorschlag zur Güte hat sich deshalb die Unterscheidung von Entdeckungszusammenhang und Begründungszusammenhang (Reichenbach) oder von Forschungspsychologie und Forschungslogik (Popper) eingebürgert, um die etwas schmuddelige Methode der Induktion aus der Wissenschaftsphilosophie auszugliedern und somit der »Schmach« zu entgehen. Hier kann man anknüpfen. Induktion kann zwar nicht philosophisch *gerechtfertigt*, aber sie kann als Methode der ›Entdeckung‹ mit den Mitteln einer evolutionären (Forschungs-) Psychologie *erklärt* werden. Sie ist erfolgreich – wieweit sie mit den Regeln der Logik kompatibel ist, ist eine nachgeordnete Frage. Wir erwarten ja auch nicht, daß der Geschlechtstrieb oder unsere Beine ›logisch‹ sind. Sie sind ein erfolgreiches Ergebnis der Evolution. Eine Rechtfertigung (statt einer Ursachenerklärung) brauchte man dafür nur in religiösen Kontexten. Die Fähigkeit zur Induktion ist ein *Instinkt*, eine kognitive Adaptation, deren Anfänge weit in ältere, vormenschliche Schichten reichen. Schon Hume beobachtete, daß »selbst die unvernünftigen Tiere durch Erfahrung klüger werden«.[15] Wenn man dem Pawlowschen Hund das Futter immer wieder mit einem bestimmten Klingelton ankündigte, dann lief ihm bald das Wasser in der Schnauze zusammen, wenn nur der Ton erklang. Man nimmt das gerne als Beispiel für behavioristische Konditionierung. Wenn wir aber ein alternatives Erklärungsschema anwenden, dann wird der Erwerb der Regelmäßigkeitserwartung »Immer wenn dieser Ton ertönt, dann gibt es Futter« zum Musterbeispiel einer ›induktiven Verallgemeinerung‹. Es war im Leben aller beweglichen Lebewesen sehr nützlich, die Welt des Eßbaren (und andere relevante Welten wie die des Gefährlichen oder der Fortpflanzung) mit Immer-wenn-dann-Netzen zu überziehen. Meistens handelt es sich um die Beobachtung von Ereigniskorrelationen, die sich wiederholen, so daß der Mensch, der Hund oder die Ratte ihre Beobachtungen schließlich verallgemeinern und eine Regel aufstellen.

In besonderen Fällen genügt sogar eine einzige Beobachtung, etwa wenn ich beobachte, daß mein Nachbar von einem Leoparden verspeist wird. Gerade daran wird deutlich, wie solche Beobachtungen in praktische Zusammenhänge eingebettet und mit einer Komponente der Risikoabschätzung verbunden sind: Die Zahl der für eine induktive Verallgemeinerung nötigen Fälle hängt ganz wesentlich von der Überlebensrelevanz ab. Wolfgang Stegmüller hat auf Überlegungen des späten Carnap hingewiesen (beide waren ›Induktivisten‹), daß Induktion ein Verfahren sei, das »Entscheidungen unter Risiko« ermögliche. Sie sei Bestandteil einer »rationalen Wette«.[16] Das bedeutet, daß man auf dem Weg der Induktion nie zu absolut sicheren Gesetzesaussagen kommen kann, sondern nur zu Annahmen von – für den jeweiligen Handlungskontext – hinreichender Wahrscheinlichkeit. Wenn die Gewißheitsansprüche über den Handlungskontext hinausgehen und Wissen mittels der Vergegenständlichungsfunktion der Sprache situationsunabhängig gespeichert werden soll, dann drohen Aporien.

Metaphern. Urmetaphern

Bedeutungsverschiebungen oder Bedeutungsübertragungen sind zentrale Leistungen der Sprache bei der Konstruktion von Zwischenwelten. Solche Manipulationen zählen in der Tropenlehre der traditionellen Rhetorik zu den Metaphern. Wir können sagen: Kulturen bestehen ganz wesentlich aus Metaphern.[17]

In den letzten Jahrzehnten ist die Metapher als kognitives Instrument eigener Art (wieder-) entdeckt worden. Metaphern sind keine Induktionen, aber sie arbeiten mit demselben Mechanismus, den Induktionen verwenden. Sie sind unvollständige Induktionen (oder unvollständige Abstraktionen).[18] Wir verweigern sozusagen den letzten Schritt zum Allgemeinbegriff. Wir sagen dann nicht: Rinder und Ziegen sind Paarhufer, sondern wir sagen: Rinder haben so ähnliche Hufe wie Ziegen, vielleicht auch nur: Rinder sind wie Ziegen. Vielleicht sogar: Eine Kuh ist eine Ziege. Welchen Nutzen kann das Verfahren einer unvollständigen Induktion bringen? Unmittelbar einsichtig dürfte sein, daß es zur Wissensspeicherung dient. Aber dafür sind vollständige Induktionen sicherlich besser geeignet. Die Unvollständigkeit hält das Verfahren flexibel. Es wird nicht ausschließlich auf eine bestimmte Ähnlichkeit abgehoben, die Ähnlichkeit ist vielmehr nur Anstoß für umfassendere Vergleichsoperationen. Die Metapher wird damit zur Basis von tentativen *Analogie*schlüssen. Lange bevor die Ähnlichkeitsrede für rhetorische oder poetische Zwecke eingesetzt wurde, war sie vermutlich ein Mittel der pragmatischen Findekunst durch wissens-(gehalts-) erweiternde Analogieschlüsse: Die Ähnlichkeit hinsichtlich des einen Elements legt die Vermutung nahe, daß auch andere Elemente ähnlich sind. Konkreter: Was auf vier Beinen läuft und zwei Hörner hat, gebiert wahrscheinlich/vielleicht auch lebende

Junge und gibt Milch und ist eßbar. Oder ebendies: Die Kuh ist eine (Art von) Ziege: Das ist eine brauchbare Suchformel, wenn man prüfen will, wozu Rinder nützlich sind. Gerste ist wie Weizen. Bananen sind wie Süßkartoffeln. Aber auch: Löwen sind wie Leoparden. Feinde sind wie Schlangen. Oder Leoparden. Das ist zwar alles nur zum Teil richtig, aber es ist der relevantere Teil.

Metaphernbasierte Analogieschlüsse (der Ordnung halber: Analogieschluß bezeichnet ein gehaltserweiterndes Schlußverfahren, Metapher dessen sprachlichen Ausdruck) dynamisieren das Wissen und helfen, neue Situationen versuchsweise nach bekannten Mustern und Rezepturen zu meistern. Auch ihnen darf man deshalb eine förderliche und selegierende Rolle bei der Eroberung der Welt zuschreiben. Im Prinzip gilt das bis ins Denken der Gegenwart, insbesondere im geisteswissenschaftlichen Milieu: Traditionen sind (eine Art) kollektives Gedächtnis, Kultur ist (in gewisser Hinsicht) Text, der Geist ist (so etwas wie) ein Computer. Das sind ganz brauchbare heuristische Instrumente – solange sie nicht wörtlich genommen werden.

Eine bestimmte Klasse von Metaphern nenne ich Urmetaphern. Sie sind unter verhaltensbiologischem Aspekt von besonderem Interesse, denn sie wurzeln in alten Seelenschichten, im pleistozänen oder noch älterem Erbe, und daraus beziehen sie eine schwer kontrollierbare Überzeugungskraft. Wir sind dem Metapherntyp schon begegnet bei der Verwandtschaftsthematik: Die unentwegte Berufung auf diverse Sorten von Familien kann einem zwar auch auf die Nerven gehen, aber sie ist zumindest ein Beleg dafür, welche Überzeugungskraft man ihr zutraut. Als weitere Beispiele bieten sich die soziomorphen, technomorphen, biomorphen Modellvorstellungen an, die Ernst Topitsch in seinen Weltanschauungsanalysen herausgeschält hat.[19] Schon

Topitsch hat insbesondere für die soziomorphen Motive dargelegt, wie man sich das Wurzeln in der phylogenetischen Ausstattung vorzustellen hat. Für eine Zurechnung der technomorphen Modellvorstellung zum biologischen Erbe spricht, daß zwei Millionen Jahre Werkzeuggebrauch diejenigen Erbträger bevorzugt haben müssen, die die Welt unter dem Gesichtspunkt ihrer Gestaltbarkeit betrachteten; da lag dann das biologisch induzierte Vorurteil nahe, daß sie das Produkt eines großen Handwerkers sei. Die technomorphe Welterklärung enthält zugleich eine intentionale Komponente. Diese erlaubt es, viele auf Anhieb unerklärbare Erscheinungen der personalen Intention einer bekannten oder unbekannten Macht zuzurechnen, dem tückischen Computer, einer Nymphe oder einem Mem. Manchmal half das ja sogar wirklich, etwa wenn man die Träger von Infektionskrankheiten als böswillige Boten des Teufels aus der Stadt schickt. – Auch die biomorphen Weltkonzeptionen reichen in alte Schichten zurück. Biologische Sachverhalte waren ganz unmittelbar mit Ernährung verknüpft, so daß eine besondere Aufmerksamkeit auf Wachstums- und Reifezyklen hohen Überlebenswert hatte.[20] Es geht dabei, wie man betonen muß, nicht um Relevanz eines Sachverhalts allein, sondern es geht um die Daueraufmerksamkeit auf diesen Sachverhalt, die sich als generativ erfolgreich verfestigen und auch als Vorgriff für die Identifikation neuer Sachverhalte dienen konnte.

Ein weiteres Beispiel einer Urmetapher mag die Gleichgewichtsmetaphorik abgeben. Wenn jemand das Gleichgewicht verliert, ist das ein gefährlicher Zustand. Entsprechend ist unsere Aufmerksamkeit unentwegt und ganz unbewußt darauf gerichtet, unser Gleichgewicht zu bewahren bzw. die Dinge um uns her – Felsen, Stege, Bäume usw. – zu beobachten und im Gleichgewicht zu halten oder uns rechtzeitig in Sicherheit zu bringen. Wenn Schiller im eingangs zitierten Text empfiehlt, »das Gleichgewicht zwischen beiden Lehrmeinungen zu halten«, dann fragen wir gar nicht mehr: Wozu? Gleichgewicht ist immer gut. Entsprechend werten wir auch das Gleichgewicht der Gemütsstimmungen und Körpersäfte, das Gleichgewicht der europäischen Mächte im 18. und 19. Jahrhundert. Sogar das Gleichgewicht des Schreckens im Kalten Krieg hatte zumindest das Gute, daß es Gleichgewicht war. So sieht man dann auch Gleichgewicht, wo die Metapher ganz fehl am Platze ist, etwa beim ökologischen ›Gleichgewicht‹ in einem Biotop:[21] Da und an vielen vergleichbaren Stellen wäre Gleichgewicht soviel wie Entropie und Tod. Gerade die Ungleichgewichte sind es, die das Leben erhalten; jeder Morgen, an dem die Sonne aufgeht, bringt ein gewaltiges Energiegefälle und damit einen gewaltigen Schub Ungleichgewicht in die Welt.

Der Raum

Die Überzeugungskraft der Gleichgewichtsmetaphorik leitet sich nicht nur aus der Erfahrung des Kampfes um körperliches Gleichgewicht (und dem Wagnis des aufrechten Gangs) ab, sondern sie partizipiert auch an der Überzeugungskraft der Raumvorstellung überhaupt. Diese kann als Musterbeispiel für die Überzeugungskraft evolvierter Denkstrukturen dienen, aber auch als Musterbeispiel für das Irrtumspotential, das in ihnen steckt, und soll deshalb etwas ausführlicher behandelt werden.[22]

Bereits Konrad Lorenz hat diese Produktivität unter dem Titel »Die zentrale Repräsentanz des Raumes und die Greifhand« abgehandelt.[23] Erst die vergleichende Verhaltensforschung kann uns verdeutlichen, wie wenig selbstverständlich unsere dreidimensionale Raumvorstellung ist. Tiere der Hochsee zum Beispiel kennen im Wortsinne keine Grenzen und werden hilflos, wenn ihnen plötzlich Hindernisse begegnen. Lorenz erzählt Ergreifendes von seinen im Zimmer gehaltenen Rebhühnern. Diese Steppentiere waren nicht in der Lage, eine weiße Zimmerwand als Hindernis zu identifizieren, wollten dort immer wieder ›ins Freie‹, so daß der Versuchsleiter zu ihrem Schutz einen schwarzen Vorhang davor hängte. – Unsere Vorfahren hingegen bewegten sich von Ast zu Ast. »Der Affe, der keine realistische Wahrnehmung von dem Ast hatte, nach dem er sprang, war bald ein toter Affe – und gehört daher nicht zu unseren Urahnen«, so lautet ein Wanderzitat von G. G. Simpson. Es kann uns darauf aufmerksam machen, daß wir zusammen mit den anderen Primaten vermutlich das ausgearbeitetste Raummodell besitzen, das es im Tierreich gibt.

Es ist dieses Weltbild unserer Vorfahren, das zum wichtigsten Raum unserer sprachlichen Vergegenständlichungen wurde. Raum? Welt-Bild? Vor-Fahren? Gegen-Stand? Perspektiven und Aspekte, Vorzüge und Nachteile, politische Richtungen, philosophische Gedanken-Gebäude, Felder und Tableaus – dauernd verleihen wir Verfahrensweisen und Abstraktionen den Rang von scheinbar konkreten Dingen, indem wir sie im Raum abbilden. Das hilft uns beim Modellieren solcher Vorstellungen (Vor-Stellungen!), aber leicht kann die räumliche Abbildung auch eine Eigendynamik entwickeln, die in die Irre führt (!). Denn es sind ja keine bewußten Metaphernbildungen, mit denen wir da umgehen, sondern die Metaphorik breitet sich hinter unserem Rücken (!) aus. So wurde von Lakoff und Johnson speziell für die Oben-unten-Unterscheidung beobachtet, daß erwünschte Zustände regelmäßig ›oben‹ und unerwünschte ›unten‹ angesiedelt werden. Das geht weit in den Bereich sozialer Differenzierung und Diskriminierung hinein. (Und auch in diesen Ausführungen ist gelegentlich in der biologischen Tradition von den ›niederen‹ und den ›höheren‹ Tieren die Rede. Die höchsten sind natürlich wir selbst.) Doch auch scheinbar betont kognitive Prozeduren werden räumlich strukturiert. Im 18. Jahrhundert sprach man von oberen und unteren Seelenkräften – welche waren wohl die ›besseren‹? Wir bilden Obersätze und Untersätze, vollziehen Horizontverschmelzungen, gehen von Voraussetzungen aus, bewegen uns im Rahmen von Irgendwas oder schließen uns unserem Vorgänger an.

Die Erforschung menschlicher Raumkonzeptionen ist in den letzten Jahren in Bewegung geraten. Es zeigte sich, daß verschiedene Sprachen den Raum unterschiedlich konzipieren und daß damit vermutlich auch Differenzen des Verhaltens korrelieren. Während in den europäischen Sprachen die Raumbezeichnungen ›subjektiv‹ sind, d. h. mit ›links‹ und ›rechts‹, ›oben‹ und ›unten‹, ›vor mir‹ und ›hinter mir‹ den Raum vom sprechenden Subjekt aus ordnen, gibt es andere Sprachen, die ›objektive‹ oder ›absolute‹ Orientierungen benutzen, die etwa unseren Himmelsrichtungen entsprechen oder ›auf der Bergseite‹ oder ›auf der Meerseite‹ bedeuten. Das gilt zum Beispiel für Sprachen australischer Eingeborener und wird für die erstaunlichen räumlichen Orientierungsleistungen dieser Menschen verantwortlich gemacht. Sie haben offenbar eine sehr viel genauere und stabilere Landkarte im Kopf als wir. Ob die empirischen Befunde ausreichen, schon von einem Neo-Whorfianismus zu sprechen, hängt ganz wesentlich davon ab, was man nun genau unter Whorfianismus versteht.[24] Man wird auch hier jedenfalls festhalten müssen, daß alle Menschen (und ihre Vorfahren) sich erfolgreich im Raum bewegen mußten und daß der Raum bei allen Menschen vom vestibulären Organ (mit Unterstützung des Gesichtssinnes) vermessen wird,[25] daß aber die zwischen-weltliche Verarbeitung ganz wesentlich mit den sprachlichen Raumbezeichnungen zusammenhängt.

Wir konstruieren unsere Zwischenwelten in imaginierte Räume hinein. Wohin sollten wir sonst die imaginierten Dinge stellen? Wenn wir das auch bei Vorstellungen tun, die eigentlich keinen Dingcharakter haben, hat es – wieder einmal – didaktischen Nutzen, solange wir nicht – wieder einmal – die uneigentliche Rede für eigentliche Rede halten. Andernfalls können sich dann die rhetorische Tendenz zur Hypostase und die Tendenz zur Verräumlichung wechselseitig verstärken und dazu führen, daß aus der Raummetapher nicht nur veranschaulichende, sondern auch argumentative Kraft geschöpft wird und die Gültigkeit von Gedanken von den Implikationen der ›Bildseite‹ abhängig gemacht wird. Ein Beispiel ist die beliebte Formel von der ›Unhinter-gehbarkeit‹ für logische Prämissen oder zeitlich vorangehende Bedingungen. Mit der Behauptung, irgendwelche ›Voraus-Set-zungen‹ (!) seien unhintergehbar, wird die Überzeugungskraft der sinnlichen Vorstellung dafür benutzt, sie zu dogmatisieren.[26] Es sei denn, es ist nur ›Unentbehrlichkeit‹ gemeint, aber dann sollte man das auch sagen. Andere Beispiele waren schon im Zusammenhang mit der panlinguistischen Geschlossenheitsvor-stellung anzumerken: Die Behauptungen, daß unser Denken im Kreis der Sprache ›gefangen‹ bleibe oder daß die Grenzen meiner Sprache die Grenzen meiner Welt seien, verlieren drastisch an Dramatik, wenn man die Metaphernautomatik wegdenkt. Auch der hermeneutische Zirkel wäre unter diesem Aspekt zu beleuchten, überhaupt der ganze Umkreis der Argumentationen um Selbstbezüglichkeit (›Zirkularität‹).

Aktuell wird die Raummetaphorik beispielsweise in den Rang-kämpfen zwischen Philosophen und Neurowissenschaftlern eingesetzt. Viele Philosophen meinen – sagt ein Philosoph –, das »psychophysische Problem stelle sich im Raum der Gründe *mit* dem Raum der Ursachen – nicht *in* ihm. Der epistemische beziehungsweise epistemologische Vorrang des Raums der Gründe lege insofern ein Primat der Philosophie bei der Lösung des psychophysischen Problems nahe«[27] – alles klar?

Geradezu eine Apotheose der Container-Metaphorik ist die Luhmannsche Systemtheorie. Da heißt es zum Beispiel: »Auch der Begriff der Irritation gehört in die Theorie operativ geschlossener Systeme und bezeichnet die Form, mit der ein System Resonanz auf Umweltereignisse erzeugen kann, obwohl die eigenen Operationen nur systemintern zirkulieren und sich nicht dazu eignen, einen Kontakt zur Umwelt herzustellen (was ja heißen müsste, dass sie halb drinnen, halb draußen ablaufen).«[28] Der Satzteil in der Klammer, der die Absurdität der Vorstellung darlegen soll, bezieht sein argumentatives Potential ausschließlich aus der sinnlichen Vorstellung, daß etwas nicht gleichzeitig drinnen und draußen sein kann. Das ist plausibel bei Häusern oder Mülltonnen, auch bei Straßenbahnen, wo der Zustand zumindest als ziemlich gefährlich gilt. Aber Systeme sind allenfalls in einem didaktischen Sinne als Behälter zu konzipieren. Wenn die Eigenschaften von Behältern sich argumentativ selbständig machen, dann tut sich die ganze Problematik des selbsttragenden analogischen Dreiecks auf, die wir schon im Falle Spenglers kennengelernt haben: Alle Systeme weisen dann die gleichen wesentlichen Eigenschaften auf, weil alle nach der Schablone eines Behälters konstruiert sind, und was bei einem Behälter nicht geht, geht dann auch bei allen Systemen nicht.

Schließlich ist auch noch die Selbstanwendung dieses Befundes zu vollziehen: Auch der Begriff der ›Zwischenwelt‹ ist ja eine Raummetapher. Wie übrigens auch Umwelt oder Umgebung. Sie wird als Entwurfs- und Plausibilisierungsmedium benutzt, aber auch hier führt ein konsequentes Weiterspinnen in Aporien. ›Zwischenwelt‹, so war der Begriff eingeführt worden, bezeichnet das Interface, das das angeborene menschliche Nervensystem und die wechselnden Umgebungen als ›künstliche‹ Umwelt aufeinander abstimmt. Im Einzelfall aber wird oft schwer zu entscheiden sein, was nun aus welcher Perspektive (!) Umgebung, was Umwelt ist und wie Umwelt und Zwischenwelt sich zueinander verhalten oder inwieweit nicht das Nervensystem selbst kraft seiner Plastizität Teil der Umwelt (wessen?) ist oder auch als Umwelt (oder Umgebung?) der Zwischenwelt aufzufassen sei. Auch hier steht der erleichterten Verständigung die Gefahr einer Verselbständigung des Bildmaterials gegenüber.

8 Religionen, Weltansichten

Während die großen Kirchen ihren – nicht ganz vorbehaltlosen – Frieden mit der Evolutionstheorie gemacht haben, gibt es kleinere Glaubensgemeinschaften, die hier noch immer das Böse am Werk sehen. Und umgekehrt gibt es militante Atheisten, die sich auf die Evolutionstheorie berufen. Die Konstellation reicht ein ganzes Stück in die Zeit vor Darwin zurück, ist eigentlich eine des vorrevolutionären 18. Jahrhunderts – ist mithin unabhängig von der Evolutionstheorie. Gleichwohl hat die Evolutionstheorie eine neue Wendung in diese Konfrontation von Materialisten und Theisten gebracht: Sie hat den sogenannten physikotheologischen Gottesbeweis erledigt.

Woher kommt die Ordnung?

Der Wiener Kardinal Christoph Schönborn hat im Sommer 2005 mit einigen Äußerungen Aufsehen erregt, die als Rollback der bis dahin eher toleranten (oder indolenten) Haltung der römischen Kirche gegenüber der Evolutionstheorie gedeutet wurden. In der *New York Times* hat er, mit Berufung auf Johannes Paul II. und Benedikt XVI., den Kern seiner Position formuliert:

> Die Evolution im Sinn einer gemeinsamen Abstammung (aller Lebewesen) kann wahr sein, aber die Evolution im neodarwinistischen Sinn – ein zielloser, ungeplanter Vorgang zufälliger Veränderung und natürlicher Selektion – ist es nicht. Jedes Denksystem, das die überwältigende Evidenz für einen Plan in der Biologie leugnet oder wegzuerklären versucht, ist Ideologie, nicht Wissenschaft.[1]

Selbst die gemeinsame Abstammung, konkret: daß der Mensch vom Affen abstammen könnte, gesteht er also zu. Das ist ein recht geschickter Schachzug. Hatte doch Sigmund Freud diese Vorstellung ähnlich geschickt neben der kopernikanischen Wende und seiner eigenen Psychoanalyse als eine der drei großen Kränkungen der Menschheit in der Moderne bezeichnet, so daß jeder Widerstand sogleich dem Verdacht des Ressentiments ausgesetzt wurde. Der Kardinal aber erweist sich nun als erhaben über einen entsprechenden Verdacht. Vielmehr tritt er, nicht ohne einen spöttischen Nebenton, als Verteidiger der Vernunft gegen schlechte Wissenschaft auf. Die Annahme eines Schöpfungsplans ist für ihn eine Art Postulat der Vernunft. Er kann sich dabei auf den Katechismus der katholischen Kirche berufen, der mit auffälliger Redundanz betont: »Die Kirche vertritt die Überzeugung, daß die menschliche Vernunft Gott zu erkennen vermag.« (Absatz 39) »Durch seine natürliche Vernunft kann der Mensch Gott aus dessen Werken mit Gewißheit erkennen« (Absatz 50) und, vom Kardinal ausdrücklich zitiert: »Das Dasein eines Schöpfergottes läßt sich dank dem Licht der menschlichen Vernunft aus seinen Werken mit Gewißheit erkennen.« (Absatz 286, in Schönborns Zitat allerdings ohne »aus seinen Werken« – weshalb?)

Die Erkenntnis Gottes aus seinen Werken dank des Lichtes der Vernunft – das bedeutet, daß der Kardinal und die Verfasser des Katechismus immerhin um 1768 angekommen sind. Aus diesem Jahr stammt nämlich mein persönliches Katechismus-Exemplar, die *Erklärung der Catholischen Glaubens-Bekenntnüß, aus der heiligen Schrift und der Vernunft*, erschienen zu Arnsberg, in dem es heißt: »Der Mensch kann erkennen, und muß glauben, daß ein GOTT sey [...]. Diß sagt einem jeden das natürliche Licht der Vernunft.« Das 18. Jahrhundert war die hohe Zeit des physikotheologischen Gottespostulats, dem im Zeitalter der Vernunft gerade die progressiven Denker anhingen. Gott war ihnen als erste Ursache, als Schöpfer eine unentbehrliche Größe. Es wimmelte damals nur so von ›rationalen‹ Nachweisen der Weisheit des Schöpfers aus der Zweckmäßigkeit aller möglichen Naturerscheinungen. Kant versuchte diesen ›teleologischen‹ Gottesbeweisen zwar ein Ende zu machen, aber das war vergebliche Mühe. Die heutige Hauptquelle des Gedankens ist eigentlich ein Spätling, William Paley. Paley meinte in seiner *Natural Theology, or Evidences of the Existence and Attributes of the Deity collected from the Appearances of Nature* von 1802, wenn man bei einem Spaziergang durch die Heide eine funktionierende Taschenuhr daliegen sehe und nach der Herkunft oder Ursache frage, dann werde man von der Komplexität und Funktionsweise dieses Gegenstandes notwendigerweise auf den Handwerker schließen, der ihn geschaffen hat. So sei es auch mit der Welt insgesamt.

Hier liegt tatsächlich ein ernst zu nehmendes Langzeitproblem. Schon der Materialismus oder Atomismus der Antike,[2] vertreten etwa durch Leukipp, Demokrit und Epikur, wollte die Welt aus lauter ›geistlosen‹ Materieteilchen bestehen lassen und traf dabei auf das gewaltige Restproblem, weshalb diese Teilchen sich zusammenschließen und so organisieren, daß daraus Ordnung entsteht. Die Frage des Zusammenschließens wurde durch einige Zusatzhypothesen gelöst, etwa daß die Atome Klebeflächen hätten oder daß sie bei ihrem unendlichen Fall durch den leeren Weltraum Abweichungen und Verwirbelungen erleiden, so daß sie aneinanderstoßen und zu Konglomeraten verschmelzen. Aber auch diese etwas kuriosen Vorstellungen konnten das Problem nicht lösen, wie aus dem Gewirble und Geklebe so etwas wie Ordnung entstehen konnte, eine Blume, eine Hand, ein Gestirn. Cicero zog daraus die religiösen Konsequenzen und meinte, wenn man den Kosmos für das Ergebnis des zufälligen Aufeinandertreffens *(concursio fortuita)* von Atomen hielte, dann könnte man auch die *Annalen* des Ennius als Ergebnis des Zusammenwürfelns der 24 Buchstaben des lateinischen Alphabets erklären (oder, wie Robert Spaemann zweitausend Jahre später meinte: durch bloßes Ausschütten eines Sackes von Buchstaben ein Hölderlin-Gedicht herstellen).[3] – Man muß zugeben: Bis weit ins 19. Jahrhundert hinein war das ein gravierender Einwand. Der vordarwinistische Materialismus war eine intellektuell unbefriedigende Position, denn er konnte Ordnung nur durch Zufall und damit überhaupt nicht erklären. Eine ganze Geschichte der Philosophie ließe sich als Geschichte der Leerformeln schreiben, mit denen man diese Erklärungslücke zu füllen versuchte, mit Wörtern wie ›Idee‹, ›Entelechie‹, ›Form‹, ›Kraft‹, ›Gott‹ …

Und heute? Die Erklärungslücke, der das physikotheologische Gottespostulat seine Plausibilität verdankt, ist geschlossen, und zwar durch die Evolutionstheorie. Der Kardinal hat deren beide Prinzipien durchaus richtig wiedergegeben: Die Evolution sei »ein zielloser, ungeplanter Vorgang zufälliger Veränderung und natürlicher Selektion«. Also nicht purer Zufall, wie Cicero und Spaemann und viele Evolutionskritiker behaupten, sondern Zufall *und* Selektion. Was nicht zusammenpaßt, verschwindet, und was zusammenpaßt, das bleibt (vorläufig). Daß es sich dabei um eine Selektion ohne selegierendes Subjekt handelt, will aber nur schwer in die Köpfe, denn diese sind seit der Altsteinzeit besetzt vom technomorph-intentionalen Modell, das für seine Plausibilität irgendeine personale Ursache braucht. Aber die Evolution funktioniert perfekt ohne Autor. Sie braucht keinen ›Plan‹, kein ›Design‹. Jedenfalls nicht, was die ›Ordnung‹ anbelangt. Wer

Rätsel braucht, um seinen Glauben an eine intentionale Instanz zu begründen, der kann sich weiterhin durch die Frage nach dem ›ersten Beweger‹ beunruhigen lassen, denn der ›big bang‹ ist noch keine ganz befriedigende Antwort, und auch die Frage, wer überhaupt der Erfinder der Naturgesetze ist, kann von der Evolutionstheorie nicht beantwortet werden. Es gibt also durchaus noch Anlaß zum Glauben, jedenfalls dann, wenn man aus der Unerklärtheit eines Phänomens einen personalen Verursacher erschließen will. Allerdings wird die Luft dabei immer dünner, d. h., der unerklärte Sachverhalt rückt immer weiter aus der Sphäre unserer täglichen Anschauung hinaus, so daß auch die Erklärung nicht mehr so dringlich ist und der Agnostizismus seinen Stachel verliert. – Aber erledigt ist nun definitiv der physikotheologische Gottes*beweis*; und es ist schon ein bißchen unter Niveau, wenn Kirchenleute und gelegentlich auch Philosophen weiterhin auf ihm und dem Zufallsargument herumreiten.

Das Bezugsproblem: Die Differenz Umwelt/Umgebung

Religion gehört zu jenen Erscheinungen, deren Universalität kaum bestritten wird. Die Vielfalt von Religionen allerdings stellt diese Universalität gleich wieder in Frage. Schnell neigen wir dazu, alle Bräuche fremder Kulturen, die wir nicht auf Anhieb verstehen, als religiös (magisch, mythisch usw.) zu etikettieren, ohne daß damit schon irgend etwas erklärt wäre. Tatsächlich könnte es sich hier um ein Musterbeispiel dafür handeln, wie die Realisierung einer universellen *Disposition* für zusätzliche Funktionen In Anspruch genommen wird, die dann möglicherweise sehr kontingent sein können. Wenn zum Beispiel in einer Kultur soziale Ungleichheit so auffällig wird, daß man sie als Problem empfindet, kann die Religion Lösungsaufgaben übernehmen, indem sie einen jenseitigen Ausgleich verspricht und im Diesseits zu Almosen verpflichtet. Oder sie kann zur Legitimation von Herrschaft verwendet werden. Oder sie kann auf einer Durststrecke künftige Erlösung verkünden, dem Einzelnen oder dem ganzen Stamm. Sie kann, als Glaube an einen Kobold, erklären, warum man andauernd seine Sachen nicht findet. Kurz: Religion ist hervorragend geeignet, Restprobleme jeder Art zu absorbieren. Um so schwieriger ist es, so etwas wie einen harten Kern zu identifizieren.

Da sollte sich wieder der evolutionäre Blick, das Verfahren des ›reverse engineering‹ bewähren: Wenn wir eine universelle Disposition suchen, müssen wir das Referenzproblem suchen, für dessen Lösung Religion im Pleistozän einen adaptiven Beitrag geleistet haben könnte (und möglicherweise noch heute leistet). Dieses Referenzproblem, das als artspezifisch menschlich eingeschätzt werden kann, ist das Wissen um die Selektivität der eigenen Weltverarbeitung, das Wissen also, daß es mehr gibt, als man weiß (›Transzendenz‹), und der Wunsch, dieses beunruhigende ›Mehr‹ in irgendeiner Weise zu bannen.[4] Andere Primaten wissen überhaupt nicht, daß es Unbekanntes ›gibt‹. Oder ganz vorsichtig gesagt, damit nicht die Affenfreunde protestieren: Sie kommunizieren darüber nicht in einer für uns beobachtbaren Weise. Der Ansatz für das spezifisch menschliche Vermögen, über den gegenwärtigen Handlungshorizont hinaus zu fragen, ist nur bei einem Sprachvermögen zu finden, das jenseits von Zeige-, Kundgabe- oder Aufforderungshandlungen auch über die Kraft zur Vergegenständlichung verfügt und damit auch auf Abwesendes referieren kann. Was wäre abwesender als die Transzendenz? Oder weniger pointiert, dafür etwas genauer: Die Vergegenständlichung macht es möglich, die verfügbare

Welt als einen Gegenstand zu denken, und führt damit an Wissensgrenzen, die ohne Vergegenständlichung gar nicht sichtbar wären. Oder mit Uexkülls Terminologie gesprochen: Sie ermöglicht das *Wissen, daß jenseits der Umwelt noch eine Umgebung liegt*. Ein Wissen, *daß*, nicht jedoch ein Wissen, *was*. Das ist freilich noch nicht Religion, sondern eher das, was zuweilen als ihr Gegenteil eingeschätzt wird, nämlich Agnostizismus. Einer der prominentesten Vertreter dieses Agnostizismus war Emil du Bois-Reymond mit seinem Befund »Ignorabimus«.[5] Zwei große Rätsel würden die Naturwissenschaften niemals lösen können, so meinte er, nämlich das Rätsel von Materie und Kraft und das Rätsel, wie Materie denken und fühlen kann, also das Rätsel des Bewußtseins. Relativitätstheorie und Quantentheorie sind der Lösung des ersten Rätsels (dem Vernehmen nach, muß ich hinzufügen) zumindest ein ganzes Stück näher gekommen, und um das zweite Rätsel bemühen sich unverdrossen Neurobiologen und Evolutionspsychologen.

Die Wahrnehmung der Differenz Umwelt/Umgebung enthält eine Forderung, die man, in Anlehnung an einen großen Psychologen, so formulieren könnte: Wo Umgebung ist, soll Umwelt sein. Diese Forderung kann auf recht unterschiedliche Weise eingelöst werden. Die großen Entdeckungen im Zeitalter der Neuzeit erfüllen sie ganz handfest geographisch. Aus *terra incognita et inculta* wurde *terra cognita et culta* gemacht. Hand in Hand damit können wir einen gewaltigen Aufstieg der empirischen Wissenschaften beobachten, die gleichfalls Umgebung in Umwelt zu verarbeiten trachten. Aber auch die Fixierung der individuellen Entwicklung auf ein Ideal der Vervollkommnung, wie sie uns im 18. Jahrhundert begegnet und in der Gegenwart von den Plakatwänden mancher Fitneß-Studios herableuchtet, hat damit zu tun.

Mit der Differenz Umwelt/Umgebung ist eine neue Kategorie in die Evolution geraten: die Unendlichkeit. Denn Umgebung ist prinzipiell nicht abschließbar. Nach jeder Eroberung tut sich erneut unbekanntes Land auf. Man kann dieser Kategorie dadurch Rechnung tragen, daß man zum Beispiel den Wissenschafts- und Forschungsprozeß auf Unendlichkeit (als Unbeendbarkeit) einstellt und Ergebnisse nur noch als Durchgangsprodukte einschätzt. Daneben aber wird seit Urzeiten eine andere Methode angewandt, die Niklas Luhmann als das Spezifikum von Religion ansieht und als »Simultanthematisierung von Bestimmtem und Unbestimmtem« oder von Immanenz und Transzendenz charakterisiert. Man könnte auch sagen, daß die Transzendenz (im oben eingeführten technischen Sinne) durch verfremdende Wiederholung der Immanenz bezeichnet und so auf eine reversible Weise abgeschlossen wird. Eine Lehre wie die von der Jungfrauengeburt, wie denn überhaupt alle in religiösen Kontexten auffindbaren Adynata, hat in erster Linie die Funktion, Ganz-anders-heit zu bezeichnen, ist aber inhaltlich in einem präzisen Sinne sinn-los. Sie ist Chiffre für das unendliche Ganze.

Ich kann nicht aus eigener Anschauung beurteilen, in welchem Umfang die Angehörigen fremder Kulturen die religiös-mythischen Geschichten ›glauben‹, die sie einander erzählen, d.h., welchen Realitätsgehalt sie ihnen zumessen oder wieweit da, bei aller Überlieferungstreue, nicht auch Signale mitverarbeitet werden, die diese Sinn-losigkeit mitmarkieren. Es gibt da wohl sogar religiöse Geschichten, über die man lachen darf, was bei christlichen Geschichten zumindest heutzutage undenkbar ist. Früher war das auch bei uns anders; man leitet ja sogar die autochthone Tradition der Komödie aus dem mittelalterlichen Osterspiel ab. Die Figur des Tricksters, die in irgendeiner Form

in (fast) jeder Kultur vorkommt, ist ein Konzentrat der ernst-
haft-lächerlichen Natur solcher Simultanthematisierungen. Jedenfalls ist das Adynaton ein Merkmal, das charakteristisch ist
für jede Art von Wunder, das aber durchaus auch der Ironie
benachbart ist und damit Vorläufigkeit oder Uneigentlichkeit
bezeichnet.[6]

Woher dann gleichwohl die Tendenz zur Ernsthaftigkeit, die
bei manchen Religionen zu zerstörerischem Haß gegenüber
Anders- oder Nichtgläubigen führt, zu Selbstopfer und Mär-
tyrertum oder zumindest zu jenem einschüchternd weihevollen
Ernst, wie er auch heute noch viele unserer Zeremonien auszeichnet? Das Wahrnehmen der Umwelt-/Umgebungsdifferenz
hat vor allem deshalb ein hohes Irritationspotential, weil es auf
die Ungesichertheit unserer Zwischenweltkonstruktionen hin-
weist. Von dieser Differenz geht fortwährend ein Zuruf aus: Es
könnte alles ganz anders sein. Die gesellschaftliche Stellung, die
Ernährung, die Freundschaften, der Tagesablauf, Wohnung,
Kleidung, alles könnte auch ganz anders sein. Es kann sich
von heute auf morgen ändern. Und: Du kannst es – zumindest grundsätzlich – ändern. Und jeder andere auch. Das heißt:
Unsere Fähigkeit zu einer elastischen Zwischenweltkonstruktion
hat zur Kehrseite, daß nichts sicher ist. Sie hat zur Kehrseite ein
hohes Maß an Kontingenzbewußtsein, das ohne entsprechende
bannende Maßnahmen zu Angst und Dauerstreß führen würde.
Das, so scheint mir, ist der Hauptgrund für die dogmatische Er-
starrung von Religionen. Die Jungfrauengeburt oder die Recht-
fertigungslehre oder das Fegfeuer werden dann zu Leitsymbolen
des richtigen Lebens, für deren Anerkennung man auch Kriege
führen kann. Gewiß, aufgeklärte Historiker weisen darauf hin,
daß solche religiösen Begründungen zumeist nur Vorwände für
Macht-, Geld- oder Landinteressen waren. Das mag wohl rich-

tig sein. Aber daß man sich die Vorwände aus dem religiösen Bereich holte, sie gar selbst glaubte, ist ja auch ein Hinweis, daß es sich um einen Begründungsfundus von besonderer Relevanz handelte. Denn letztlich geht es gerade bei der Anerkennung der abschließenden Formeln darum, ob die eigene Zwischenweltkonstruktion die richtige ist. Das kann eine Existenzfrage von so hoher Brisanz werden, daß man dafür auch sein (diesseitiges) Leben opfern kann.

Seit Darwin ist der planende Schöpfergott nicht mehr *vernunft*notwendig. Um so stärker zeigte sich seine Gemütsnotwendigkeit. Die Differenz von Umwelt und Umgebung war ja nicht nur ein abstraktes Studierstubenproblem. Das Rätselhafte mischt sich sehr handfest ins Leben ein. Der ganze unabweisbare Komplex von Schmerz, Leiden und Tod, die Bedrohung durch unerwartete Wechselfälle war und ist weiterhin deutungsbedürftig. Hier sind die im engeren Sinne seelsorgerischen Funktionen von Religionen beheimatet, mit ihrer Absorptionskraft für jede Art von Restproblemen. Denn Restprobleme sind ebendies: ein Spürbarwerden der Umgebung, dessen Ursache (noch) nicht zur Umwelt verarbeitet ist.

Religion nach der Religion

Ob wir es derzeit mit einem Verfall der Religionen zu tun haben oder mit einem Wiederaufleben oder mit beidem, entscheidet sich unter anderem nach regional-gesellschaftlichen Zusammenhängen. Hier soll nur *eine* Entwicklungslinie angeleuchtet werden, weil sie unser eigenes Reflexionsmilieu betrifft.[7] Die religiöse Entwicklung des kultivierten Europas kann man im großen und ganzen durch das Stichwort ›Säkularisierung‹ charakterisieren. Allerdings gilt das nur, was die Bindung an die offiziellen Großkirchen betrifft. Gleichzeitig haben wir es immer wieder mit Erscheinungen zu tun, die aus kirchlicher Perspektive gern als ›Ersatzreligionen‹ bezeichnet werden. Diese Bezeichnung setzt natürlich voraus, daß das eigene Bekenntnis das authentische ist. Wenn man den Sachverhalt mit der gebotenen Neutralität bezeichnen will, wäre es besser, von Weltanschauungen oder Weltansichten zu sprechen.[8]

Das bietet sich jedenfalls an, wenn man ein größeres Spektrum der auf diesem Felde konkurrierenden Positionen ins Auge faßt. An den Niedergang der Religionen im 18. Jahrhundert schlossen sich nicht zufällig die großen politischen Ideologien des 19. und 20. Jahrhunderts an, die der Einheit und Größe der Nation und die einer Überwindung aller durch Ressourcenknappheit und -verteilung bewirkten Konflikte. Evolutionär entstandene Bausteine der Religionen wie die Figur der Wiedervereinigung oder des personalen Erlösers lassen sich unschwer auch in politischen Konzeptionen oder auch in individuellen Lebensentwürfen finden.[9] Das bunte Gewimmel dessen, was in der Esoterik- und Psychoszene heutzutage zu beobachten ist und zuweilen mit dem Spenglerschen Gedanken einer ›zweiten Religiosität‹ in der geschichtslosen Endzeit der Kulturen assoziiert wird, schlägt dann die Brücke zur Wissenschaft: Keine anspruchsvolle Sekte läßt es sich nehmen, von Entdeckungen der Wissenschaft zu raunen, die nur durch die Machenschaften der herrschenden Meinung unterdrückt wurden. Aber auch die große Tradition rationalistisch-naturwissenschaftlicher Orientierung selbst bringt immer wieder einmal Propheten und Gemeinden hervor, die in kühner Antizipation das Weltganze thematisieren. Bekannt sind aus dem deutschen 19. Jahrhundert Autorennamen wie Ludwig Büchner, Jakob Moleschott oder Karl Vogt und dann Ernst

Haeckel.[10] Zu besonders großer Form läuft diese materialistische Weltanschauung seit dem 18. Jahrhundert in der Polemik gegen die Großkirchen auf, so daß man zuweilen zu fragen vergißt, was sie denn selbst zu bieten hat. In der Regel deklariert die materialistische Weltanschauung sich selbst gern als wissenschaftliche Weltanschauung. Aber noch beim jüngsten Erfolgsautor dieser Richtung, bei Richard Dawkins, wird man sagen müssen, daß der wissenschaftliche Ertrag kaum mit dem Engagement Schritt hält. Wenn man Wissenschaft als ein Hinausschieben der Umwelt-/Umgebungsgrenze begreift, dann ist der Materialismus sicher fruchtbarer als die meisten Religionen, die diese Grenze ja verschleiern oder zementieren. Aber Aussagen über die ganze Welt sind auf jeden Fall geeignet, den Denkprozeß und damit die Wissenschaft stillzustellen. Dawkins schwankt denn auch zwischen wissenschaftlichem und religiösem Denkstil. Mit Hinblick auf die Gottesbeweise und deren Scheitern sagt er, »daß es mit ziemlicher Sicherheit keinen Gott gibt«. In einem Interview hat er die Wahrscheinlichkeit gar auf 98 % beziffert. Aber unter dem Gesichtspunkt der Wissenschaft wären vielleicht gerade 2 % Unsicherheit wesentlich aufregender als 98 % Sicherheit.

Es geht freilich nicht um Dawkins, sondern um Allgemeineres. Die Disposition zum Religiösen wirkt immer noch, auch wo sie sich nicht mehr des Gehäuses einer Offenbarungsreligion bedient. Auf höchstem Niveau zeigte sich das bereits um 1800, als die christlichen Religionen drastisch an Geltung verloren hatten. In Deutschland kam es da zum glorreichen Aufstieg der idealistischen Philosophie, die man durchaus als Säkularisat der Theologie auffassen kann. In einer Schrift, die als *Ältestes Systemprogramm des deutschen Idealismus* bezeichnet wird, heißt es denn auch am Ende: »Ein höherer Geist, vom Himmel gesandt, muß diese neue Religion unter uns stiften, sie wird das letzte, größte

Werk der Menschheit sein.«[11] Die idealistische Philosophie ermöglichte es, weiterhin das ›Ganze‹ zu denken, wenngleich auf eine viel subtilere und intellektuell aufregendere Weise. Sie war der größte Triumph des Kohärenzbegriffs der Wahrheit: Entscheidendes Kriterium der Wahrheit war das stimmige Zusammenspiel der Begriffe. Referenz (Korrespondenz) war allenfalls als transitorische Illustration brauchbar. Die mehr oder weniger deutlich ausgesprochene Voraussetzung war der Gedanke, daß es ›synthetische Urteile a priori‹ gebe und daß diese die verläßlichsten seien, so daß man aufs Aposteriori auch verzichten kann, da die Welt schon im denkenden Geist vorhanden ist und nur noch auf die richtige Weise ausgewickelt werden muß. Wie sie da hineingekommen ist, gehört schon zu den zirkulären Abschließungsmechanismen dieses Denkens.

Da wird die Situation fast grotesk und führt leicht zu Mißverständnissen: Die Prima-facie-Befunde von Idealismus und Evolutionslehre stimmen überein! Beide besagen, daß unser Geist keine unbeschriebene Tafel ist, sondern a priori mit Erkenntnissen ausgestattet, mit eingeborenen Ideen. Der fundamentale Unterschied besteht darin, daß der Idealismus die *ideae innatae* aus einem Supergeist (und/oder aus sich selber) bezieht, während es sich für den Naturalismus um Selektionsprodukte der Evolution handelt. Die Folgeunterschiede sind entsprechend gravierend.

Der Idealismus blieb nicht auf die historische Epoche beschränkt. Auch eine ›pessimistische‹ Philosophie wie die Schopenhauers gehört ihrer Methode nach hierher, ebenso die ›Lebens‹-Philosophie etwa Diltheys oder des vergessenen Nobelpreisträgers Rudolf Eucken, die dem Er-Leben einen intuitiven Weltzugang gewährleisten sollte, und dann natürlich die Philosophie Heideggers, die von linguistischen Skrupeln unberührt Wortschatz und Etymologien als Wahrheitsquellen ausbeutete und als Empirie nur die Erfahrung der Sprache kannte. Man kann auch sagen: Gerade die Philosophien, die unter Intellektuellen eine gewisse Breitenwirkung entfalten konnten, stehen in der idealistischen Tradition und sind damit in der Lage, als Totalentwürfe religiöse Dispositionen außerhalb des Kirchenglaubens zu befriedigen.

Wissenschaftliche Weltansicht und die dogmatische Wende

Auch betont antiidealistische Auffassungen geraten immer wieder unter das Regiment der religiösen Dispositionen. In den zwanziger Jahren des letzten Jahrhunderts gab es in Wien um den Philosophieprofessor Moritz Schlick einen ›Kreis‹ junger Philosophen, die genau dies gegen ihre Lehrergeneration auf dem Herzen hatten: daß fortwährend zwischen den Zeilen die Metaphysik als Erbe der Religion hindurchsah.[12] Das empiristische Sinnkriterium, das sie vertraten, besagt: Ein Satz ist nur dann sinnvoll, wenn die Welt verschieden aussieht, je nachdem, ob der Satz wahr oder falsch ist. Sinnvoll ist demnach ein Satz wie »Das Zebra hat Streifen«, denn die Welt sieht anders aus, wenn es keine Streifen hat. Sinnlos hingegen ist der Satz: »Es gibt eine Entelechie als leitendes Prinzip der Lebewesen«, denn kein Ding in der Welt sieht anders aus, wenn der Satz falsch ist. Das empiristische Sinnkriterium ist also ein Referenzkriterium und folgt dem Korrespondenzbegriff der Wahrheit. Ein Denken ohne Empirie, so formulierten Carnap und andere, bestehe nur aus »einem Übergang von Sätzen zu anderen Sätzen, die nichts enthalten, was nicht schon in jenen steckte (tautologische Umformung)«.[13] Die zweite Komponente ist die Entlarvung von

Sprachmagie oder Sprachfallen. Noch immer ist es herzerfrischend zu lesen, wie Rudolf Carnap Martin Heideggers sprachliche Durchgeherei zerlegte.[14] Vor allem die Hypostasierung wird aufs Korn genommen. Das Substantiv nämlich bezeichnet nicht nur Dinge, sondern auch »Eigenschaften (›Härte‹), Beziehungen (›Freundschaft‹), Vorgänge (›Schlaf‹)« und »verleitet dadurch zu einer dinghaften [und zuweilen sogar personhaften!] Auffassung funktionaler Begriffe«. Ein Hinweis, der noch immer von unverminderter Aktualität ist.

Der Wiener Kreis ging dann auf in dem recht breiten Strom wissenschaftsorientierter Philosophie, den man heute mit dem Sammelnamen ›analytische Philosophie‹ benennt. Es blieb nicht aus, daß sich in diese wieder idealistische Elemente einschlichen. Carnap, Hahn und Neurath hatten sich entschieden gegen jeden Apriorismus gewandt. »Die wissenschaftliche Weltauffassung kennt keine unbedingt gültige Erkenntnis aus reiner Vernunft, keine ›synthetischen Urteile a priori‹, wie sie der Kantischen Erkenntnistheorie und erst recht aller vor- und nachkantischen Ontologie und Metaphysik zugrunde liegen.«[15] Aber heute kann man in einer analytisch-philosophischen Fundamentalkritik neurowissenschaftlicher Kognitionsforschung lesen, daß man zwischen »philosophical problems about the apriori nature of things« und »scientific problems about the empirical characteristics of things and their explanation« in der Weise zu unterscheiden habe, daß zwar die Kenner der »a priori nature of things« die Empiriker kritisieren können, aber nicht umgekehrt die Empiriker die Aprioristen, denn deren Kritik gründe auf dem, »what competent speakers, using words correctly, do and do not say« – also auf dem Sprachgebrauch der Kritiker.[16] Da verwandelt sich die Kritik des fremden Sprachgebrauchs in eine Dogmatisierung des eigenen. Auf diese Weise ist es ein leichtes, das

Kohärenzprinzip durchzusetzen: Wenn man nur die selbsthergestellte Welt zuläßt (und fremde Vermutungen sicherheitshalber in der eigenen Sprache ›rekonstruiert‹), ist alles restlos durchtautologisiert, und der Denker befindet sich auf dem Weg zur Unfehlbarkeit.

Diese dogmatische Wende kündigte sich freilich schon früh an. Der Wiener Kreis propagierte explizit eine »wissenschaftliche Weltauffassung«. Hier liegt der Problemkern. Reicht unser Wissen für eine ›wissenschaftliche Weltauffassung‹ überhaupt aus? Müssen wir nicht tagtäglich und stündlich Entscheidungen treffen, für deren wissenschaftliche Begründung weder das Wissen noch die Zeit für dessen eventuell doch möglichen Erwerb gegeben ist? Und wenn das so ist, woran sollen wir uns dann bei unseren Handlungen orientieren? Ist dann nicht doch eine Weltanschauung mit, so Kant: ›überschwenglichen‹ Urteilen nötig? Oder enthält die wissenschaftliche Weltanschauung selbst bereits einen so starken ›überschwenglichen‹ Anteil, daß ihr Wissenschaftscharakter schon wieder in Frage steht? Ist auch hier die Sehnsucht nach einer »neuen Religion« am Werke, wie sie die Idealisten beflügelt hatte?

Das ist nicht nur eine Frage aus einem abgelebten historischen Horizont. So etwas wie eine totale wissenschaftliche Weltansicht scheint ja auch Dawkins vorzuschweben, ebenso Edward O. Wilson. Dieser propagiert die Idee der ›*Consilience*‹ und findet dabei manche Nachfolger. *Consilience* bedeutet ebendieses: das Programm einer Einheitswissenschaft als wissenschaftliche Weltansicht. Es ist durchaus folgerichtig, daß Wilson sich in der Tradition des Wiener Kreises verortet.[17] Dessen programmatische Schriftenreihe hieß »Einheitswissenschaft«, und im amerikanischen Exil gaben die ›Wiener‹ eine *International Encyclopedia of Unified Science* heraus.

Selbstverständlich sollen die Wissenschaften danach trachten, daß ihre Ergebnisse miteinander kompatibel sind. Wo sie das nicht sind, liegt ein Problem, das gelöst werden muß. Doch man bedenke: Einheit der Wissenschaft gab es schon im Mittelalter; die seither erworbenen Erkenntnisse der Wissenschaften sind das Ergebnis von Spezialisierung. Auch die marxistische Weltanschauung verstand sich als Einheitswissenschaft. Daß man die *Consilience*-Parole mittlerweile als letzten Wert in eine Argumentation einbringen kann, ohne sie überhaupt näher zu begründen, läßt mich vermuten, daß sie auf einem archaischen Wiedervereinigungsstreben aufruht, wie es sonst in Erlösungsreligionen aufzufinden ist.[18] Sie ist hervorgetrieben von einem tiefen Wunsch nach einer einheitlichen Erklärung der ganzen Welt, orientiert am »Konzept eines geordneten und erklärbaren Universums«.[19] Das ist gewiß ein brauchbarer forschungsleitender heuristischer *Vorgriff*. Aber es ist kein Forschungs*ergebnis*, auf das man jemanden verpflichten könnte. Die Ausweitung einzelner Forschungsergebnisse aufs ›Ganze‹ ist eine ›gehaltserweiternde Schlußfolgerung‹ des größtmöglichen Ausmaßes. Es ist nicht sinnvoll, generelle Wissenschaftlichkeit des Handelns und Verhaltens auszurufen, wenn die Aufgaben unserer Lebenswelt immer wieder ganz deutlich die Problemlösungskapazität unserer wissenschaftlichen Erkenntnisse übersteigen. Auch Berufswissenschaftler handeln zumeist nur bei Aufgaben aus ihrem Spezialgebiet wissenschaftlich informiert.

Ein Spezialfall der gehaltserweiternden Schlußfolgerung ist der Schluß vom Sein aufs Sollen, d.h. von empirischen Erkenntnissen auf moralische Folgerungen. David Hume gilt als Vater des Befundes, daß aus reinen Seinsaussagen keine Sollensaussagen gefolgert werden können.[20] Eine modernere Variante gibt George Edward Moore in seinen *Principia Ethica* von

1903. Wenn man Natur zum Maßstab moralisch ›guten‹ Lebens macht, setzt man voraus, daß Natur gut ist. Doch Moore konstatiert, »daß es keinen Beweis für die Annahme gibt, die Natur sei auf der Seite des Guten«.[21] In beiden Fällen geht es darum, daß die Verwendung empirischer Erkenntnisse für moralische Schlußfolgerungen nur möglich ist, wenn noch eine (meist unexplizite) Wertprämisse hinzutritt, die den Prämissengehalt erweitert. Wenn man zum Beispiel mit der Prämisse operiert, daß die Natur gut ist, kann man folgenden formal korrekten moralischen Wirtshausschluß ziehen: In der Natur frißt der Stärkere den Schwächeren. Die Natur ist *gut*. Also *soll* der Stärkere den Schwächeren fressen.

Die Trennung von Sein und Sollen bzw. die Abweisung des ›naturalistischen Fehlschlusses‹ hatte zumindest eine gewisse befriedende Wirkung, weil sowohl ›Naturalisten‹ als auch ›Spiritualisten‹ sich grobflächig darauf einigen konnten und einander nicht ins Gehege kamen. Und weil auf diese Weise wenigstens die gröbsten Plattheiten, wie die eben angeführte, ausgeschlossen werden konnten. Das hat sich geändert. Edward O. Wilson weist die Argumentation ab. Er meint: »Wenn *Ist* nicht *Seinsollendes* ist, was dann?«[22] und tut mit diesem lapidaren Satz einen ganz gewaltigen Sprung, bei dem er (bestenfalls) mitten in der Theodizee-Thematik des 18. Jahrhunderts oder direkt neben William Paley (vgl. S. 143) landet, ohne es zu merken. Oder bei krudem Sozialdarwinismus. Wir wollen ihm weder hierhin noch dorthin folgen. Aber im letzten Kapitel werden wir die Grundproblematik noch einmal aufgreifen müssen.

9 Kunst und Unterhaltung

›Kunst‹ gehört (wie ›Liebe‹, ›Religion‹, ›Intelligenz‹, ›Natur‹, ›Kultur‹ …) zu den umgangssprachlichen Sammelbegriffen mit Schleppnetz-Charakter, deren genauere Bedeutung immer erst im jeweiligen Kontext hergestellt wird. Wir fassen alle möglichen seltsamen Phänomene – Körperschmuck, Gesänge, Tänze, Felsmalereien, Gedichte, Erzählungen, Spiele, Bauwerke, Plastiken usw. – zusammen, die *unserem* (im übrigen recht ungenauen) Alltagsbegriff von Kunst ähneln. Die Universalität des Phänomens, die auf diese Weise verbal unterstellt wird, ist sachlich höchst fragwürdig. Doch wenn wir die im Kapitel 4 herausgeschälte Universalität von *Dispositionen* zu ermitteln versuchen, die für ›Kunst‹ relevant sein können, haben wir vielleicht etwas sichereren Boden. Damit verlassen wir allerdings auch die Welt, in der das Verhältnis von ›Kunst‹ und ›Unterhaltung‹ durch den Gegensatz von Qualität und Trivialität gekennzeichnet ist. Nicht daß dieser Gegensatz keine aktuelle Bedeutung für unsere Kultur hätte. Aber er hat keine biologische Bedeutung. Biologische Anthropologie ermittelt, was für *alle* Menschen gilt.

Attraktivität, gute Umwelt, gute Gene

Auch ›Schönheit‹ ist einer der Schleppnetz-Begriffe. Ich werde ihn in diesem Unterabschnitt durch Attraktivität ersetzen. Denn die Mehrzahl der biologisch inspirierten Arbeiten zur Schönheit meinen tatsächlich Attraktivität und versuchen sich nur mit Hilfe der Ungenauigkeit des Wortes ›Schönheit‹ in den traditionellen Ästhetik-Diskurs einzuklinken.[1] Dadurch entstehen ganz falsche Fronten.

Für die sogenannte Darwinistische Ästhetik ist das Schöne schlicht das reproduktiv Nützliche, soweit wir quasi automatisch eine Vorliebe dafür empfinden, und diese Vorliebe, der ›Schönheitssinn‹, ist Bestandteil der biologischen Fitneß.[2] Das leuchtet ein: Individuen, die das reproduktiv Nützliche tun, vermehren sich und damit die dafür zuständigen Gene stärker als andere Individuen. Wenn sie das reproduktiv Nützliche automatisch, ›instinktiv‹ tun, ohne lange nachdenken zu müssen (falls sie das überhaupt könnten), dann ist das gewiß ein Überlebens- und Reproduktionsvorteil. Randy Thornhill bringt das in einem zusammenfassenden Referat auf die griffige Formel: Schönheit ist das Versprechen von Funktion. Vor allem für zwei Bereiche liegen bereits empirische Studien in größerer Zahl vor, für Landschaftspräferenzen und, bis zum Abwinken, für sexuelle Präferenzen. Es zeigt sich, daß die Menschen eine Vorliebe für fruchtbare und schutzbietende Landschaften haben (für gute Umwelt) und für Geschlechtspartner, deren Äußeres (bei Frauen) und deren Status (bei Männern) eine gute Weitergabe der Gene versprechen (gute Gene). Dazu kommen Präferenzen für bestimmte Tiere (und korrespondierend dazu Abneigungen), für deren akustisches Verhalten (liebliches Vogelgezwitscher weist zum Beispiel darauf hin, daß keine Raubtiere unterwegs sind), Reaktionen auf Tages- und Jahreszeiten, Reaktionen auf soziale Szenarien, Wohlgefallen an Handwerks- und Ingenieursleistungen, Nahrungspräferenzen, Ideenpräferenzen.[3] Letztlich ist das alles nicht sehr aufregend: Es ist die Einteilung der Welt nach attraktiven und aversiven Reizen, die sich unter der Selektionswirkung von Nützlichem und Schädlichem entwickelt hat.

Wenn man Attraktivität so strikt – und unter dem Gesichtspunkt der Evolutionsbiologie durchaus korrekt – an den reproduktiven Nutzen bindet, bleiben jedoch einige Phänomene auf den ersten Blick unerklärt. Es gibt dysfunktionale Erscheinungen, die in uns Empfindungen ›ästhetischer‹ Art wecken. Gehören sie in eine andere Abteilung des Sammelbegriffs Schönheit? Charles Darwin hatte in seinem zweiten Hauptwerk *Die Abstammung des Menschen und die geschlechtliche Zuchtwahl* die ›geschlechtliche‹ Zuchtwahl als den zweiten großen Evolutionsfaktor neben der ›natürlichen‹ Zuchtwahl eingeführt und mittels dieses zweiten Entwicklungsfaktors die Entstehung scheinbar zweckloser, ›schöner‹ Eigenschaften erklärt. Immer wieder angeführter Musterfall ist das Rad des männlichen Pfaus, das sich offenbar nicht der Selektion nach Gesichtspunkten des individuellen Überlebens verdankt, sondern der Vorliebe der Pfauenweibchen, die wiederum dadurch verstärkt wird, daß die Verbindung mit attraktiven Pfauenmännchen die Verbreitung der eigenen Gene (und damit auch dieser Vorliebe) fördert.

Für Darwin war die ›geschlechtliche Zuchtwahl‹ eine Kategorie, die er nicht der ›natürlichen‹ Zuchtwahl subsumieren konnte. Die Balzlaute und Balztänze der Vögel, die förmliche Einladungen an Beutegreifer sind, die weiblichen Brüste, die die meiste Zeit unnütz mitgeschleppt werden, das Hirschgeweih dito, sind ihm Ergebnis einer ›runaway selection‹, die sich scheinbar von der natürlichen Auslese unabhängig gemacht hat.[4]

In den letzten Jahrzehnten hat Amos Zahavis Entdeckung des Handicap-Prinzips zur Aufklärung einer ganzen Reihe von scheinbaren Paradoxien der Evolution verholfen.[5] Es besagt in unserem Fall, daß der männliche Pfau gerade dadurch, daß er sich so ein hinderliches und auffälliges Handicap ›leisten‹ kann, besondere Fitneß signalisiert und deshalb für die Hennen besonders attraktiv ist. Das Handicap gilt also als Indiz für sonstige Tüchtigkeit und kann damit doch wieder im Sinne der natürlichen Auslese gedeutet werden. Dem aufmerksamen Blick wird dieser Zusammenhang auch in der Menschenwelt vielfach begegnen, ob bei der Verschwendungssucht barocker Fürsten oder den schon erwähnten Autos am Starnberger See oder den an Selbstverstümmelung grenzenden Piercing- und Tätowierungskünsten, die auf jungen Leibern prangen. Es gibt sogar eine Kulturentstehungstheorie, die auf diesem Prinzip fußt. Geoffrey Miller hat recht einleuchtend erläutert, daß die Zuchtwahl der Steinzeitmenschen von solchen Indizien geleitet war, die eine schnelle Identifizierung der Fitneß des möglichen Partners ermöglichten. Auch zum Beispiel die Fähigkeit zur Herstellung besonders kunstvoller Faustkeile, deren Verzierungen keinerlei Nutzen haben, das Bemalen von Felswänden, das Singen von Liedern, das Erzählen von Geschichten sei als Fitneß-Indikator eingeschätzt worden. Diese Einschätzung kann dann auch abgekoppelt werden und zur Begeisterung für künstlerische Virtuosität auch ohne nachfolgenden Zeugungsakt führen.[6] Mit diesem Argumentationszug ist die Attraktivität des Nutzlosen oder gar Schädlichen wieder evolutionskonform gedeutet. Selbst die Neigung, auch aversive Reize aufzusuchen und sich dem ›angenehmen Grauen‹ der Tragödie oder des Horrorfilmes auszusetzen, hat hier vielleicht ihre evolutionäre Wurzel, nämlich in pleistozänen Mutproben, mit denen man gemäß dem Handicap-Prinzip den Weibchen imponierte und sich einen entsprechenden Fortpflanzungsvorteil verschaffte (wenn man das Verfahren überlebte – aber Männer gibt es ja immer genug). Das schlägt wohl noch in Schillers Ballade *Der Taucher* durch. Noch heute lädt der kühne Knabe die Liebste in die Geisterbahn ein, um sie vor den dortigen Ungeheuern zu schützen (und seine Reproduktionschancen zu steigern).

Das Handicap-Prinzip kann sicherlich das Element der Virtuosität erklären, das wir von fast allen Arten der Kunst erwarten.

Auch bei Fußballspielern oder Zirkuskünstlern imponiert die artistische Virtuosität. Vielleicht kann man sogar die Bewunderung, die Rennfahrer für ihr sinnloses Rundendrehen genießen, auf ihre verschwenderische Schnelligkeit beziehen, obwohl sie diese nicht ihrem eigenen Körper, sondern einem ›Werkzeug‹ und dessen Herstellern verdanken.

In jedem Falle haben wir es aber wieder mit einem Phänomen der Abkoppelung zu tun. Hier liegt ein ganz wichtiger evolutionärer Schnitt, der allerdings von den Vertretern der Darwinistischen Ästhetik noch kaum beachtet wird: Die beim Menschen besonders stark ausgebildete Fähigkeit, Teile von Verhaltensprogrammen zu entkoppeln, sie zu segmentieren, bezieht sich auch und gerade auf den Bereich des Ästhetischen. Das Vergnügen an einem attraktiven Körper des anderen Geschlechts ist sicherlich ein Weg zur Vermehrung der Gesamtfitneß; ein *gemalter* attraktiver Körper aber wäre eine grobe Irreführung, wenn nicht Konsens darüber bestünde, daß wir hier nur den Reiz einer Attrappe genießen. Auch das Verhaltensprogramm, das von den Leistungen des Pianisten oder des Wettläufers ausgelöst wurde, wird nicht notwendig bis zum Geschlechtsakt fortgeführt. (Zitathaft immerhin stehen bei den Siegesfeiern der Formel 1 auch allerlei anmutige Wesen herum, die nach Auskunft der Boulevard-Presse als ›Boxenluder‹ bezeichnet werden.) Zumindest vom Pianisten erwarten wir aber neben der Virtuosität noch andere Qualitäten. Er zeigt uns nicht nur, wie schnell er seine Finger bewegen kann, sondern er tut das nach sehr komplexen Regeln und Ordnungen, deren zumindest intuitive Kenntnis er bei uns voraussetzen kann. Haben auch diese Ordnungen eine biologische Basis?

Hier, so scheint es, legt auch Darwin selbst eine Grenzlinie. Er handelt ausführlich vom Schönheitssinn der Tiere. Doch wenn er den Schönheitssinn des Menschen beschreibt, dann schiebt sich ihm unter der Hand ein etwas anderer, man muß wohl sagen: ein kulturalistischer Schönheitsbegriff in den Sinn. Das Attraktivitätsschema, das vom werbenden Partner auf das ›schöne‹ Geschlecht angewandt wird, ist beim Tier angeboren. Anders beim Menschen. Darwin meint: »Der Geschmack für das Schöne, wenigstens soweit weibliche Schönheit in Betracht kommt, ist im menschlichen Bereich nicht von spezifischer Beschaffenheit [is not of a special nature], denn er wechselt sehr stark bei den verschiedenen Menschenrassen und ist auch bei verschiedenen Völkern derselben Rasse nicht immer gleich«, und dann ist gar nicht mehr von sexueller Attraktion die Rede: »Zweifellos ist kein Tier fähig, zum Beispiel den nächtlichen Himmel, eine schöne Landschaft oder kunstvolle Musik zu bewundern, sondern ein so hoher Geschmack wird durch Kultur erworben und hängt von komplizierten Gedankenverbindungen ab; Naturvölker oder ungebildete Leute empfinden daran ebenfalls keine Freude.«[7] Was also hat es auf sich mit der kunstvollen Musik und dem nächtlichen Himmel? Ist unser Wohlgefallen an ihnen ein reines Kulturprodukt?

Der Organisationsmodus und die Lust

Die entwicklungsgeschichtlich früheste Form des Entkoppelns ist das Spiel. Im Spiel werden die Verhaltensprogramme von vitalen Handlungszwecken abgelöst. Einzelne Verhaltensweisen können aus ihren Funktionskreisen herausgenommen werden und stehen für neue Kombinationen zur Verfügung. Vom Beutekampf-Spiel kann zum Beispiel umgeschaltet werden auf Rivalenkampf-Spiel, von der Rolle des Verfolgers auf die des Verfolgten, ohne daß es zu irgendeiner Endhandlung käme.

Leda Cosmides und John Tooby haben eine Deutung dieses Verhaltens vorgeschlagen, bei der weitere Überlegungen anknüpfen können. Sie unterscheiden einen Funktionsmodus und einen Organisationsmodus der Betätigung unserer Adaptationen.[8] Wenn die Adaptationen im ›Ernst‹ betätigt werden, also zur Lösung vitaler Probleme, dann ist das der Funktionsmodus. Der Hund schüttelt den Hasen tot, der Vogel fängt im Flug das Insekt oder entzieht sich dem Beutegreifer, und die Löwenmänner kämpfen um den Besitz des Rudels. Im Organisationsmodus hingegen vollführen sie ganz ähnliche Handlungen, aber der Hund schüttelt ›wütend‹ den Pantoffel, der Vogel schwingt sich (für unseren Eindruck) ›sinnlos jubelnd‹ (oder Gott lobend) durch die Lüfte, und die Löwenjungen balgen sich, ohne irgendeinen Zweck zu verfolgen. Hier üben sie ihre angeborenen Fähigkeiten und bauen Umwelterfahrungen in sie ein. Deshalb sind vor allem Kindheit und Jugend der Tiere die Zeit der spielerischen Betätigung. Jeder komplexe Organismus muß sich nach seiner Geburt überhaupt erst einmal ›epigenetisch‹ fertigbauen, und dieses Fertigbauen geschieht im Organisationsmodus. Das gilt für die Gehirnfunktionen nicht weniger als für die Funktionen körperlicher Leistungsfähigkeit. Beim menschlichen Gehirn hält sich dieser Organisationsmodus offenbar bis ans Lebensende durch, weil er wegen der höchst komplexen und heterogenen Struktur des menschlichen Gehirns auch nach der Fertigstellung ständig zu Instandhaltungs- und Reparaturaufgaben benötigt wird – beim Skatspielen, Fernsehen, Romanelesen, im Theater oder im Museum …

Das proximate Hauptmotiv für das Spiel ist die Lust.[9] Auch hierfür schlagen Cosmides und Tooby eine interessante Funktionsbestimmung vor. Die evolutionäre Notwendigkeit von Lust, und zwar jenes Typus von Funktionslust, der nicht an den Erfolg unserer Handlungen gebunden ist (begleitende Funktionslust), sondern jener Funktionslust, die gleichsam selbstreferentiell nur auf der Betätigung unserer Adaptationen selbst bezogen ist (selbständige Funktionslust), ergibt sich aus dem Verzicht auf eine erfolgreiche Endhandlung. Die Organismen können die ultimate Nützlichkeit des Organisationsmodus ja nicht selbst durchschauen. Der Hinweis, daß gegenwärtige Mühe sich später im Leben einmal auszahlen wird, ist schon bei Menschenkindern nicht immer sehr wirkungsvoll, und bei Tieren wäre er vollends hoffnungslos. Deshalb brauchen Übung und Ausbildung der Adaptationen eine selbständige, intrinsische Belohnung, die unabhängig ist vom aktuellen äußeren Erfolg. Das ist die ›Lust‹.[10]

Um zu verstehen, wie die autonome, lustmotivierte Betätigung unseres biologisch evolvierten Instrumentariums als Grundlage von Kunst oder kunstähnlichen Betätigungen dienen kann, muß man sich wenigstens schlaglichthaft die ganze Breite dieses Instrumentariums vergegenwärtigen. In aller Kürze und ohne Anspruch auf Vollständigkeit oder gründlichere Systematik (dafür ist es noch zu früh) lassen sich die Kalibrierung der Sinne, die Flexibilität und Konditionierung der emotionalen Anschlüsse und die Einstellung auf Gestalt-Vorgriffe auf die Welt notieren:

Kalibrierung der Sinne: All unsere Sinne sind zwar der Anlage nach schon bei der Geburt vorhanden, aber sie bedürfen der Einstellung auf unsere Umwelt. Ein spektakuläres Beispiel gibt unser Gesichtssinn: Wenn wir ihn längere Zeit nicht benutzen konnten und dann wieder in die Welt sehen, steht diese auf dem Kopf, weil ihr Bild auf der Netzhaut auf dem Kopf steht. Erst im Abgleich mit den anderen Sinnen, insbesondere mit dem Gleichgewichtssinn, lernen wir dann wieder ›richtig‹ sehen. Das ist ein kleiner Einblick in die Abstimmungsarbeit, die ständig erbracht werden muß, damit wir ›richtig‹ sehen. – Ähnlich muß unser Gehör auf die Umwelt eingestellt werden. Bemerkenswert ist, daß in (fast) allen Gegenden der Welt Töne im Oktav-Abstand als ›ähnlich‹ empfunden werden: Anscheinend ist die Oktave, d. h. die Verdoppelung oder Halbierung der Frequenz, ein angeborenes Grundmaß für die Eichung des Gehörs.[11] Wieweit das auch auf die Unterscheidung von Konsonanz und Dissonanz zutrifft, ist umstritten. Aber es genügt zum Eichen ja schon, daß es überhaupt eine solche Grundunterscheidung in wiederkehrenden Konstellationen gibt, mag sie in der einen Kultur durch dieses Tonsystem, in der anderen durch jenes bestimmt sein. Jedenfalls können auch Konsonanz und Dissonanz als Tonkombinationen angesehen werden, die im Sinne der Gehör-Justierung zueinander passen oder nicht passen. Ob und wie man dieses Passen/Nichtpassen mit Stimmungswerten versieht und daraus ein ganzes Musiksystem macht, ist dann schon eine Frage der zwischenweltlichen Verwendung. Für Wesen, die keine Musik kennen, mag auch das Rauschen eines Baches oder der Blätter im Wind solche Dienste tun – Erscheinungen, denen ja auch wir gelegentlich ästhetische Qualitäten nachsagen. Wahrscheinlich ist auch die Schönheit des nächtlichen Sternenhimmels, von der Darwin sprach, zurückzuführen auf dessen dauerhafte Struktur, die uns die Intaktheit unseres Gesichtssinnes bescheinigt.

Flexibilisierung und Konditionierung der emotionalen Anschlüsse: Wenn die Emotionen durch Unterbrechung der Verhaltensprogramme entstehen und auf zwischenweltliche Auslöser und Informationen eingestellt werden müssen, dann müssen die entsprechenden alten und neuen Verknüpfungen, die ja keine verläßliche Automatik mehr aufweisen, ständig eingeübt und parat gehalten werden. Das ist deshalb möglich, weil Auslösemechanismus und Verlaufsprogramm entkoppelt werden können, so daß wir unsere Emotionen ganz bewußt mit Attrappen manipulieren und quasi im Simulator betätigen können.[12]

Einstellung der Gestalt-Vorgriffe auf die Welt: Diese Vorgriffe sind sehr vielfältig und betreffen die unterschiedlichsten Wahrnehmungs- und Handlungsbereiche, von der Aufmerksamkeit auf Wiederholungen und Gleichförmigkeiten und dem Trieb zur Detektion, die uns der Induktionsinstinkt nahelegt, bis zu angeborenen Stereotypen möglicher Geschlechtspartner, von gerader Linie, Kreis und Symmetrie (die es in reiner Form nur als Meßinstrumente unseres kognitiven Apparates gibt, nicht in der Natur) bis zu heilsgeschichtlichen Wiedervereinigungsphantasien, von den Regeln der Mathematik und Logik bis zu apriorischen (Ur-)Metaphernmaterialien.

Nahezu jede Adaptation kann aus ihrem ursprünglichen Zweckzusammenhang herausgelöst und zweckfrei, interesselos betätigt werden, weil solche Betätigung durch angeborene Lust motiviert und belohnt wird. Und Lust im eben entwickelten Sinn ist auch der Motor unserer Faszination für erfundene Geschichten, für Bilder und für Töne. Sie geben unseren Adaptationen Gelegenheit zu einem freien Spiel, das wir in entlasteten Situationen genießen, auch wenn es zum Beispiel ein Spiel mit unseren Befürchtungen und Ängsten ist. Wir sind dann sozusagen begeistert davon, daß wir uns so gut fürchten oder so gut traurig sein können. Selbst der Ekel kann genossen werden, wenn er entsprechend entkoppelt und neu kontextualisiert ist.[13] Abstrakte Malerei und absolute Musik bedienen sich der ›reinen‹ sinnlichen Dispositionen und vermitteln die Lust des Gelingens von elementaren Kalibrierungsvorgängen, Tragödien, Liebes- und Horrorfilme lassen uns unsere Emotionen erfahren, ohne daß irgend etwas auf dem Spiel stünde, jede größere Geschichte oder jedes Musikstück basiert auf Wiederholungen, die uns sozusagen ästhetische Induktionen erlauben, auf Steigerungen, Abschlüssen und anderen Gestalterwartungen, deren Eintreffen uns befriedigt, deren halbes Eintreffen uns mit Spannung erfüllt und deren Enttäuschung uns Neuorientierungen suchen läßt.

In solchen Mechanismen scheint mir die Wurzel dafür zu liegen, daß zweieinhalb Jahrtausende lang Kunst immer wieder mit Harmonie, Ebenmaß, Wohlklang usw. zusammengebracht wurde. Man kann diese Vorstellung naturalisieren, indem man an die Stelle der kosmischen Ordnung den Selektionsdruck der Umwelt im Zuge der Hominisierung setzt und an die Stelle der Harmonie die Bestätigung der so geschaffenen apriorischen Kategorien der Weltkonstruktion durch Erfahrung. Jedesmal, wenn die Welt unseren apriorischen Erwartungen entspricht, macht es ›Klick‹, und wir empfinden Lust. »Die Schöne [!] Dinge zeigen an, daß der Mensch in die Welt passe und selbst seine Anschauung der Dinge mit den Gesetzen seiner Anschauung stimme« – so hat das bereits Kant formuliert.[14]

Zweite Ernsthaftigkeit

Das ›Klick‹ verschaffen wir uns sogar, wenn wir den Sarg mit immergrünen Zweigen schmücken, die unserer geometrischen Ordnungserwartung durch eine kreisförmige Anordnung entgegenkommen, deren ätherische Öle (zusammen mit dem Weihrauch) die Intaktheit unseres olfaktorischen Sensoriums bescheinigen und die mit einer farbenprächtigen Schleife auch dem Kalibrierungsbedarf unseres Gesichtssinns Genüge tun. Das ist die Basis, auf der dann kulturelle Deutungen aufsetzen können, etwa der Kreisform oder des Immergrüns als Symbolen der Auferstehung. Gibt uns dann noch ein Harmonium die Gewißheit, daß mit unserem Gehör alles stimmt, und ein Chor beglückt uns mit jenen Phonem-Wiederholungen, die man gemeinhin Reime nennt, dann erfahren wir uns als in die Welt und die Welt als zu uns passend und freuen uns schon auf die nächste Beerdigung.

Es gibt kein kulturelles Phänomen, das nicht mit irgendeinem Moment des Spiels und damit der Lust verknüpft ist. Selbst Kriege sind ohne Prachtuniformen und ordensgeschmückte Männerbrüste nicht denkbar. Ebenso findet das aufmerksame Auge in unserem Alltag, in der U-Bahn und im Bus, auf der Straße und sogar im Hörsaal eine geradezu verwirrende Fülle von überflüssiger Bemühung um das Schöne. Die Menschenwelt besteht ja zu einem entscheidenden Teil aus Artefakten, die irgendeine Form haben müssen, da liegt es nahe, ihnen eine als angenehm empfundene Form zu geben, ohne daß das gleich als Emanation Gottes oder als sinnliches Scheinen der Idee gedeutet werden müßte. Was in der Soziologie als ›Erlebnisgesellschaft‹ identifiziert wurde,[15] ist nicht nur ein Gegenwartsphänomen, sondern eine anthropologische Konstante. Sie tritt nur in der Gegenwart deutlicher hervor, weil die Ästhetisierung des Alltags unverhohlen als profane auftritt.

Gleichwohl ist das mit einer Erweiterung der Funktion des Organisationsmodus verbunden. Es genügt nicht mehr, direkt nützliche Verhaltensweisen einzuüben und, wenn das geschehen ist, zum Ernst des Funktionsmodus überzugehen. Für den Menschen ist die Organisation – seiner selbst und der Welt – vielmehr eine Daueraufgabe. Ständig müssen Selbstfestlegungen vorgenommen und eingeübt werden, und diese zusätzlichen Bestimmungen müssen so locker und fest zugleich verankert werden, daß sie auch neue Erfahrungen und Irritationen absorbieren können. Das heißt, dem Organisationsmodus fällt die Aufgabe der dauernden Stabilisierung dessen zu, was von sich aus keineswegs stabil ist: der Kultur. Das Spiel verliert seinen Spielcharakter, es entsteht eine zweite Ernsthaftigkeit, deren Ansatzpunkt die Pflege informationeller Sicherheit und deren Zweck oder Metazweck nun die dauernde Einübung und Festigung von Konsens ist. Der Organisationsmodus wird zur Methode, wie das Verhalten trotz aller Instinktunsicherheit stabilisiert werden kann, nämlich indem kulturell, exosomatisch gespeicherte Informationen und Fertigkeiten unablässig bewegt werden, auch wenn man sie im Augenblick gerade nicht für Überlebenszwecke benötigt. Nur indem diese Informationen und Fertigkeiten immer wieder von neuem aktiviert werden, können sie in den Gedächtnissen so präsent gehalten werden, daß man jederzeit auf sie zurückgreifen kann.

Und auch quasi nach innen, zur Subjektseite hin, sind neue Aufgaben zu erfüllen. Ich greife nun schon dem Abschlußkapitel vor: Im Menschen wird erstmals in der Evolution die Kontinuität der Person (ihre ›Identität‹)[16] zum Dauerproblem, das einer Dauerlösung bedarf. Das handelnde Subjekt muß sich davon entlasten, daß es bei jeder neuen Handlung erst den gesamten Raum des Möglichen auszuschreiten hat, und es muß auch danach trachten, daß die Handlungsspielräume der anderen so weit eingeengt werden, daß diese berechenbar bleiben. Es muß für seine und der anderen Kontinuität oder ›Identität‹ sorgen. Als besonders auffällige Methoden zur Herstellung solcher Kontinuität über die unvermeidlichen Brüche hin sind die vielbesprochenen Übergangsriten zu nennen. Eng mit ihnen im Zusammenhang stehen Mythen, die in die Person und in die Welt Kausalitäten und damit auch Kontinuitäten hineindichten. Das gilt für die Verhältnisse der Gegenwart nicht minder als für die

Zeiten, in denen man Heldenepen oder Bildungsromane dichtete. Nur sind die Geschichten im Fernsehen und den bunten Blättern in der Regel etwas kurzatmiger. Es kommt dabei auch gar nicht so sehr auf die inhaltlichen Details an: Daß die Menschen aus solchen Geschichten Persönlichkeitshäppchen zum eigenen Gebrauch herausnehmen oder Informationen über die Welt und die Menschen erhalten, ist vermutlich von zweitrangiger Bedeutung. Viel wichtiger ist, daß Riten und Mythen das Vertrauen bestärken, *daß* Kontinuität überhaupt *möglich* ist und *daß* unterhalb der fragmentarischen Erfahrungen des Alltags irgendeine bleibende Substanz west.

Das scheint mir übrigens auch das Geheimnis ›kritischer‹ Kunst zu sein, von der hier kaum die Rede war. Auch sie stabilisiert ihre Leute und versöhnt sie mit ihrer Zwischenwelt, nur sind es andere Leute.

10 Ein neues Menschenbild?

Friedrich Schiller hat in seiner eingangs zitierten Dissertation festgestellt, es sei »gewiß der Wahrheit nichts so gefährlich, als wenn einseitige Meinungen einseitige Widerleger finden«.[1] Es gibt derzeit eine verschärfte Konfrontation zwischen den ›Naturalisten‹ und den – wie darf man sie nennen, ohne daß sie sich zu Unrecht etikettiert fühlen? Hermeneutikern, Idealisten, Kulturalisten, Philosophen … – sie sträuben sich gegen solche Etikettierungen, weil sie sich als Vertreter des ›Ganzen‹ der Wahrheit verstehen. Also nennen wir sie Holisten. Am Ende komme ich darauf zurück.

Philosophie, Neurophysiologie und Evolutionsbiologie

Eine der letzten Battaillen spielte sich in der *Frankfurter Allgemeinen Zeitung* vom 17. Juli 2008 und anschließend im Internet ab. Da wies der Philosoph den Hirnforscher zurecht, weil dieser das Wort ›Beweis‹ in einem anderen Sinne verwendet hatte, als man ihn im Marburger philosophischen Seminar lernt. »Beweise«, so war zu erfahren, »gibt es, außer in der Sprache der Stammtische, nur in den Formalwissenschaften Mathematik und Logik!«[2] Damit war die sprachliche Lufthoheit wieder einmal gesichert. Die Juristen allerdings werden zusammengezuckt sein.[3] Kostbar ist dann im weiteren Verlauf der Debatte die Argumentation, mit der das Weisungsrecht des philosophischen Klerus auch den einfacheren Geistern beigebracht werden sollte:

> Hirn und Leber unterscheiden sich unter anderem darin, dass zur Beschreibung der kognitiven Hirnleistungen die Wahr-falsch-Unterscheidung unverzichtbar ist, bei der Leber nicht.

Die Wörter ›wahr‹ und ›falsch‹ (›Erkenntnis‹ und ›Irrtum‹, oder irgendein anderes Paar einschlägiger Unterscheidungen) sind aber sicher keine Fachtermini der Naturwissenschaften, sondern der Philosophie (und übrigens wichtige Wörter des täglichen Lebens). Der Neurowissenschaftler kommt also ohne Philosophie nicht zu seinem Gegenstand.[4]

Was für ein prachtvoll plaziertes ›also‹! Doch abgesehen davon, daß auch eine Leber jedenfalls ›richtig‹ oder ›falsch‹ arbeiten kann (wenngleich sie andere Aufgaben hat als ein Gehirn), kann der Naturwissenschaftler durchaus auch ohne Philosophie ›zu seinem Gegenstand kommen‹ (was immer das heißen mag), nämlich indem er selbst diese ›Wörter des täglichen Lebens‹ in seiner Sprache bearbeitet. Wie das der Philosoph ›übrigens‹ auch macht.

Doch leider kann ich auch der anderen Position nicht vorbehaltlos zustimmen. Da haben also elf führende Vertreter der Gehirnforschung ein *Manifest* veröffentlicht.[5] Darin wurde sehr laute Zukunftsmusik gespielt (nicht ›wir wollen‹, ›wir hoffen‹, sondern ›wir werden‹), während der Ist-Stand sympathisch bescheiden dargestellt wurde. Es wurden drei Organisationsebenen des Gehirns unterschieden. Die Erforschung der oberen Ebene »erklärt die Funktion größerer Hirnareale«;[6] das ist die Domäne der bildgebenden Verfahren. Man erfährt durch sie aber nur, »wo im Haufen von Hunderttausenden von Neuronen etwas mehr Energiebedarf besteht«.[7] Daß damit ›Funktionen erklärt‹ seien, widerruft das Manifest selbst zwei Seiten weiter sogar explizit: »Dass sich all das im Gehirn an einer bestimmten Stelle abspielt, stellt noch keine Erklärung im eigentlichen Sinn dar.«[8] Die untere Ebene betrifft die Ausstattung der Nervenzellmembran mit Rezeptoren, die Arbeit der Neurotransmitter, der einzelnen Neuronen usw. Beide Ebenen, die obere und die untere, seien schon sehr erfolgreich erforscht worden. Über die mittlere

Ebene »wissen wir noch erschreckend wenig«. Es lohnt ein aus-
führlicheres Zitat:

> Nach welchen Regeln das Gehirn arbeitet; wie es die Welt ab-
> bildet, dass unmittelbare Wahrnehmung und frühere Erfah-
> rung miteinander verschmelzen; wie das innere Tun als ›seine‹
> Tätigkeit erlebt wird und wie es künftige Aktionen plant, all
> dies verstehen wir nach wie vor nicht einmal in Ansätzen.
> Mehr noch: Es ist überhaupt nicht klar, wie man dies mit
> den heutigen Mitteln erforschen könnte. In dieser Hinsicht
> befinden wir uns gewissermaßen noch auf dem Stand von
> Jägern und Sammlern.[9]

Kurz: Wir haben noch überhaupt keine Ahnung, wie die seman-
tische Weltverarbeitung im Gehirn funktioniert und wie ›Sinn‹
entsteht. Sagen elf Fachleute. Man wird also noch etwas warten
müssen, bis auch der zweite Teil von Du Bois-Reymonds »Ignorabimus« widerlegt ist …

Da schlabbert der Prophetenmantel doch etwas überdimen-
sioniert um die Glieder, wenn nun im Namen der Hirnforschung schon ein neues Menschenbild ausgerufen oder im *Manifest* wenigstens für die nächsten Jahrzehnte annonciert wird.
Wir haben es hier mit gehaltserweiternden Schlußfolgerungen
der eher ›wilden‹, unkontrollierten Art zu tun. Konkret und im
Detail läßt sich das am Standardthema beobachten, um das man
bei einschlägigen Diskussionen nicht herumkommt und das, sozusagen der Ordnung halber, auch hier erwähnt sei: die Willensfreiheit. Sie ist in ihrer ›starken‹ Version ein logisches Unding
(oder, wenn man die theologische Herkunft des Begriffs berücksichtigt, ein Mysterium).[10] Ein Wille ohne Bestimmungsgrün-
de oder -ursachen wäre ein bloßer Zufallsgenerator, also auch
nicht ›frei‹. Einige Hirnforscher aber meinen, die Lehre von der
Willensfreiheit sei auch experimentell-empirisch widerlegt. Im

Standardexperiment soll eine Versuchsperson eine vorher verein-
barte Handbewegung durchführen, wobei sie selbst entscheidet,
wann das geschieht. Über eine ingeniöse Versuchsanordnung ist
Benjamin Libet und anderen der Nachweis gelungen, daß das
physiologische Bereitschaftspotential für die Handbewegung
schon *vor* dem bewußten Entschluß vorhanden ist.[11] Man kann
sicherlich einen solchen Befund auf andere Phänomene der gleichen Klasse übertragen. Obwohl es gar nicht so einfach sein
wird, eine Entscheidung von solch geradezu abenteuerlicher Ir-
relevanz irgendwo im gemeinen Leben aufzufinden: Es geht um
den *Zeitpunkt einer vorher abgesprochenen folgenlosen* Handlung!
Nur mittels einer ganz gewaltigen Gehaltserweiterung könnte
man aus diesem Fall ein *experimentum crucis* in der Frage der
Willensfreiheit machen.[12]

Wirklich ärgerlich aber wird das Argument in einem anderen Zusammenhang. Die Lehre von der Willensfreiheit ist das
Fundament unseres archaischen Sühnestrafrechts. Durch ein so
schlechtes Argument wird der Ruf nach einer Reform, in den
ich gerne einstimmen möchte, eher desavouiert! – Immerhin besteht Hoffnung, daß die Hirnforscher ihre Gehaltserweiterungen in den nächsten Jahren nicht nur postulieren, sondern auch
prüfen werden, und dann werden wir ihnen gern lauschen.

Bis es soweit ist, bietet sich ein anderer Weg an. Wenn es
wirklich um Funktionen geht, dann fehlt dem Dreiebenen-Mo-
dell des *Manifests* ohnedies eine vierte Ebene. Ich nenne sie hier
die Output-Ebene. Diese Output-Ebene betrifft das tatsächliche
Denken, Fühlen und Verhalten der Individuen in ihrem Lebens-
kontext. Sie ist letztinstanzlich (ultimat) dafür verantwortlich,
daß das Gehirn so ist, wie es ist.[13] Denn über die Output-Ebene
erfolgt die ontogenetische oder phylogenetische Rückmeldung
›Paßt/Paßt nicht‹. Die Meldung ›Paßt nicht‹ führt, je nach Flexi-

bilität des betreffenden Gehirns, entweder zu einer Neuorganisation oder zur Eliminierung. Diese Selektion hatte den entscheidenden Direktionswert für die Entstehung der Hirnstrukturen. Der konsequent begangene Weg der evolutionsbiologischen Erforschung kognitiver Strukturen hätte den großen Zusatzvorteil, daß man die Ebene des beobachtbaren und (selbst-)erlebbaren Verhaltens nicht durch eine Scheidewand in eine irgendwie zweitrangige ›Erste-Person-Perspektive‹ abzudrängen brauchte. Dieser Weg folgt allerdings einer Black-box-Methode, bei der nur das Problem und die Lösung aufeinander bezogen werden, während der Mechanismus selbst weitgehend im dunklen bleibt. Die Notwendigkeit, den Mechanismus zu erforschen, bleibt also unberührt.[14]

Wie sähe unter diesem Aspekt ein anderes Standardthema der Hirnforscher, das ›Ich‹, aus?

Das Ich

»Das Ich ist unrettbar«, so hatte Ernst Mach schon 1885 dekretiert.[15] Neurophysiologen, Psychologen, Systemtheoretiker, Poststrukturalisten, Dekonstruktivisten, dazu Drogen-Freaks, Mystiker, Mem-Theoretiker, sie alle sagen uns: Das Ich ist eine Illusion, eine Konstruktion, ein Artefakt des Gehirns, der Kommunikation, der Gesellschaft, eine Machenschaft der Meme …, jedenfalls irgendwie nichts Reales. Auch daß Descartes an allem schuld ist, ist Konsens. Die verschiedenen Positionen unterscheiden sich im wesentlichen eher darin, in welchem Maß und aus welchen Gründen sie das Ich gleichwohl für unentbehrlich halten. Schon Mach meinte, wenn das Ich auch keine ›reale‹ Einheit sei, so sei es doch eine ›praktische‹ …[16]

Das Ich gehört ja zur Klasse der Hypostasen, ist insofern tatsächlich von problematischem Realitätscharakter. Es ist kein Ding, ist auch keine Eigenschaft, kein Vorgang, vielleicht eine Funktion, gewiß eine Konstruktion. Es gehört überdies in die Kunstsprache spezieller Reflexionszusammenhänge. Niemand sagt (außer in parodistischer Absicht): »Mein Ich geht jetzt Brötchen holen«, allenfalls in extrem raffinierten Psycho-Milieus: »Dein Selbst versteht mein Ich nicht.« Nicht eben erleichternd ist es, daß es außer dem ordinären Ich auch noch ein intelligibles Ich, ein empirisches und ein transzendentales Ich zu unterscheiden gilt, ferner das englische ›Self‹, ›I‹ und ›Me‹, dazu einen gestaltpsychologischen, einen psychoanalytischen, einen sozialpsychologischen Gebrauch des Wortes usw.

Ich nehme als Referenz eine Stellungnahme des Psychologen Wolfgang Prinz. Prinz vertritt die »theoretische Vorstellung […], dass die Ich-Förmigkeit unserer mentalen Organisation kein Naturphänomen ist, sondern ein kulturelles Artefakt, das in Attributionsprozessen konstituiert wird. Einheitlichkeit und Konsistenz des Ich sind keine natürliche Notwendigkeit, sondern eine kulturelle Üblichkeit«.[17]

Seine Deutung, so meint er, mute uns zu,

uns von der Vorstellung zu verabschieden, dass unser Ich eine naturgegebene *mentale Instanz* ist […]. Vielmehr wäre das Ich dann nichts weiter als ein begrifflich überformter *mentaler Inhalt*, gebildet in Lernprozessen und ausgeformt in sozialer Interaktion – nicht grundsätzlich verschieden von mentalen Repräsentationen von Erscheinungen der Außenwelt. Hervorgehoben wäre es lediglich durch seine metarepräsentationale Sonderstellung: Das Ich ist die Quelle anderer mentaler Inhalte (Gedanken), die ihrerseits stets mit Bezug auf diese Quelle repräsentiert sind.[18]

»... kein ... sondern«, »keine ... sondern«, »verabschieden ...
Vielmehr« und »nichts weiter als«, »lediglich« – die Dichte der
Monokausalitäts- und Reduktionsformeln in diesen kleinen
Textstücken könnte verdecken, daß es sich um Überlegungen
von einiger Plausibilität handelt: Das Auftreten von Vergegenwärtigungen, die durch sprachliche Mitteilungen (Kommunikation) angestoßen wurden, ist stets mit der Wahrnehmung von
Personen verbunden, die als Quelle identifiziert werden. Bei
intern erzeugten Vergegenwärtigungen (Gedanken) hingegen
könnten keine solchen externen Quellen identifiziert werden.
Dieses Problem der Quellenattribution werde, so Prinz, dadurch
gelöst, daß wir uns für die internen Vergegenwärtigungen eine
interne Quelle ausdenken und diese im Körper ansiedeln: das
Ich – ein Gedanke als Quelle der Gedanken. Klug gedacht, aber
doch etwas ergänzungsbedürftig. Im dunkeln bleibt nämlich,
wozu wir überhaupt eine solche Quelle benötigen. Ist das tatsächlich nur eine »Üblichkeit«, quasi eine schlechte Gewohnheit, die wir vom externen Informationsmodus übernommen
haben? Überdies ist dieses Ich ja nicht nur die Quelle von Gedanken, es nimmt auch Schmerzen wahr, es liebt, es haßt, bzw.
ihm werden diese Empfindungen zugeschrieben. Es ist also eine
Vielzweckeinrichtung, die für die Zuschreibung einer ganzen
Reihe von Eigenschaften, von aktiven und passiven Fähigkeiten
bereitsteht.[19]

Ähnlich wie Prinz argumentiert der Hirnforscher Wolf Singer.[20] Er meint, »dass die Ich-Erfahrung bzw. die subjektive Kon-
notation von Bewusstsein kulturelle Konstrukte sind, soziale
Zuschreibungen, die dem Dialog zwischen Gehirnen erwuchsen
[entwuchsen?] [...]. Selbstkonzepte hätten dann den ontologi-
schen Status einer sozialen Realität«. Die Evolution habe Gehirne hervorgebracht, »die in der Lage waren, eine Theorie des

Geistes zu erstellen und mentale Modelle der Befindlichkeit des je anderen zu entwerfen«, und daraus seien in einer Art Rückschluß die »nur den Menschen eigenen subjektiven Aspekte von Bewußtsein« entstanden. Gemeinhin vermutet man zwar, daß die ›Theory of Mind‹ als eine Schlußfolgerung von eigenen Seelenzuständen auf die anderer Wesen entstanden sei, aber man kann's ja auch mal andersherum versuchen. Jedenfalls sind auch Singers Überlegungen bis zu diesem Punkt ernst zu nehmende Hypothesen. Man kann ihm auch zustimmen, wenn er schreibt: »Auch kann nicht ausgeschlossen werden, dass bestimmte Inhalte dieser Selbsterfahrung, beispielsweise die Überzeugung, frei entscheiden zu können, illusionäre Komponenten haben. [...] Nur ein Bruchteil der im Gehirn ständig ablaufenden Prozesse ist für das innere Auge sichtbar und gelangt ins Bewusstsein. Unsere Handlungsbegründungen können folglich nur unvollständig sein und müssen a posteriori Erklärungen mit einschließen.« Aber ja doch und nochmals ja. Doch weshalb wird von diesen eher moderat innovativen Befunden gesagt, sie stünden mit unseren subjektiven Erfahrungen »in krassem Widerspruch« und würden »unser Selbstverständnis noch nachhaltiger verändern als die vorangegangenen wissenschaftlichen Revolutionen [wie üblich: Kopernikus und Darwin]«?

Wenn wir die Methode des ›reverse engineering‹ anwenden, wie sie von der Evolutionären Psychologie empfohlen wird, wenn wir also nach den Früh- und Vorstufen und deren Problemreferenzen fragen, stoßen wir auf das, was umgangssprachlich als ›Selbsterhaltungstrieb‹ bezeichnet wird. Gewiß, das ist ein vorwissenschaftlicher Begriff, aber er kann hier ganz nützlich sein. Er faßt alle Verhaltensprogramme zusammen, die der Erhaltung des Individuums dienen, Triebe der Ernährung, der Verteidigung, unter dem Gen-Aspekt auch der Fortpflanzung.

Ein ›Trieb‹ allerdings wird erst dann überhaupt vom Subjekt als Trieb wahrgenommen, wenn er nicht sofort in Handlung umgesetzt wird – wir sind wieder beim Thema des Hiatus angekommen. Hier liegt der Keimpunkt des ›Ich‹, in der Wahrnehmung, daß man etwas tun will (oder tun wollen muß, wie die Deterministen meinen), aber nicht kann oder nicht sogleich kann. Das kann die sehr dramatische Form der Verzweiflung und Todesangst annehmen. Vermutlich ist dieser Keimpunkt schon bei Tieren vorhanden und mit einer Art der Selbstwahrnehmung verknüpft, die wir als ›Bewußtsein‹ bezeichnen können. Allerdings bleibt das bei Tieren wohl punktuell. Nur die Menschen haben eine systematisch ausgebildete Methode, diese momentane Erfahrung auf Dauer zu stellen. Die Vergegenständlichungsleistung ihrer Sprache ermöglicht eine entschieden höhere Präsenz von Auslösern, die nicht in Handlung übergeführt werden: Die Zwischenwelt bezieht sich potentiell auf die gesamte psychische Ausstattung. Und die Vergegenständlichungsleistung macht es auch möglich, das Ich in die Zwischenwelt einzutragen. Insofern haben Autoren wie Prinz oder Singer schon recht, die sagen, das Ich sei ein Produkt der Sprache oder der Kommunikation oder der Gesellschaft oder der Kultur. Aber sie sollten nicht immer ›nur‹ sagen oder gar das Wort ›Illusion‹ gebrauchen. Die Kultur der Menschen ist genauso eine Realität wie ihr Genom oder ihr Gehirn, und das Ich ist genauso ein Produkt der Evolution wie Arme und Beine, nur vielleicht ein bißchen flexibler.

Ein sprachlich stabilisiertes Ich kann eine ganze Reihe von Aufgaben übernehmen und wird dadurch wiederum selbst verstärkt. Von Schmerzen, Liebe und Haß, die ihm zugeschrieben werden können, war schon die Rede. Es ist die Sammelstelle von Erfahrungen. Vor allem kann dieses Ich in der Zwischenwelt bearbeitet werden. Wir basteln sozusagen Avatare für die Zwischenwelt.[21] Für den Menschen ist eine solche Ich-Werkstatt von besonderer Bedeutung, weil er sehr viele Festlegungen treffen und seine eigenen Einstellungen kontrollieren muß. Eine Amöbe oder eine Zecke hat ein sehr festes Weltbild. Wenn sie sich irren, können sie nicht dazulernen, sondern sie gehen zugrunde. Aber solange sie leben, werden sie von keinerlei Zweifeln geplagt. Sie können nur ›richtig‹ handeln. Beim Menschen ist das anders. Er lebt in selbstgebauten Zwischenwelten, kann sie an neue Problemsituationen (Umgebungen) anpassen, bezahlt dafür aber mit dem Bewußtsein, daß vieles, wenn nicht gar alles auch ganz anders sein könnte (und daß mithin nichts so ganz ›richtig‹ ist, auch er selbst nicht). Das – oft nur diffuse – Wissen, daß wir in Zwischenwelten leben, verleiht grundsätzlich allen unseren Weltkonstruktionen (allen Sinnproduktionen im Luhmannschen Sinne) einen Hauch von Kontingenz und Ironie. Sie sind keine feste Konstruktion wie ein Gebäude, eher schon etwas wie ein Geschäftsbetrieb: Sie müssen ständig am Laufen gehalten werden, um überhaupt zu existieren. (Nur unsere Beschreibungen geben ihnen den Schein von Festigkeit.) Wir müssen sozusagen schon beim Aufstehen (aber vielleicht schon in unseren Träumen) unsere relevanten Zwischenwelten repetieren, um die Welt und uns selbst zu finden.

Die ›Erfindung‹ des Ich ist mithin, biologisch gesehen, eine Lösung des Problems, daß wir unsere Verhaltensprogramme segmentieren und neu zusammensetzen und unser Handeln auf unterschiedlichste Milieus und deren Probleme einstellen können und trotzdem für uns selbst und für andere eine gewisse Stabilität und Stetigkeit unserer Person herstellen und bewahren müssen. Da es sich um ein artspezifisches Problem handelt, dürfen wir vermuten, daß auch die Lösung artspezifisch ist: Das Ich – die Ich-Funktion – ist eine biologische Adaptation.

Wie alle relevanten biologischen Funktionen des Menschen wird freilich auch sie zwischenweltlich abgestimmt auf die Problemlage der jeweiligen Kultur. In Zeiten starken sozialen und geistigen Wandels wird die Ich-Funktion zum Beispiel stärker in Anspruch genommen und thematisiert als in Zeiten relativer Stabilität. Es sind die Zeiten, für die man immer wieder einmal das ›Erwachen‹ der Individualität beobachtet hat – Krisen der Selbstbeschreibung der Individuen, die sich in den letzten Jahrhunderten anscheinend zu einer Dauerkrise verdichtet haben. Deren Auslöser und Inhaltselemente sind dann genuine Gegenstände der historischen Kulturwissenschaften.

Die Stückwerk-Technik der Wissenschaft und der Holismus des Alltagsdenkens[22]

Der Streit der Weltauffassungen hat selbst biologische Wurzeln. Er bezieht seine irrationalen und aggressiven Züge aus der grundsätzlichen, grundsätzlich nie zu tilgenden Unsicherheit der Menschen über die Richtigkeit ihrer Selbst- und Weltkonzeption. Wann immer Neues über die Verfassung des Menschen entdeckt und gar noch als ›neues Menschenbild‹ durchs Dorf gejagt wird, geraten einerseits Hoffnungen, anderseits Ängste in Bewegung.

Wie haben wir es uns vorzustellen, daß Befunde der empirischen Fachwissenschaften vom Menschen in unsere lebensweltliche, moralische Orientierung eingehen? Bei den Entscheidungen unseres Alltagslebens sind wir alle Holisten und werden es auch bleiben. Besonders deutlich wird das daran, daß wir im Alltag unentwegt mit Werturteilen und einem Mischmasch von Sein und Sollen operieren. Auch Ingenieure, deren Beruf in der technischen Anwendung von wissenschaftlichen Erkenntnissen besteht, sehen sich spätestens nach Feierabend der Frage ausgesetzt, worin der Sinn dieses Staudamms oder gar jenes Geschützes liegt. Wir treffen unsere moralischen Entscheidungen und geben unsere moralischen Stellungnahmen sozusagen aus dem vollen der ganzen Person (mit entsprechenden Fokussierungen, versteht sich). Im Gegensatz dazu kann jede empirische Wissenschaft, auch wenn sie einem solch zentralen Organ wie dem Gehirn sich widmet oder solch einem zentralen Phänomen wie dem Leben, *als* empirische Wissenschaft immer nur Stückwerk-Erkenntnisse produzieren und der Lebenswelt *zur Verfügung stellen*. Diese Stückwerk-Erkenntnisse sind sehr viel besser gesichert, gründlicher geprüft, genauer formuliert als das holistische Wissen unserer sonstigen Lebenswelt. Aber sie können für sich allein nicht existieren. Wenn sie einfach ausgeweitet werden zu einer ›wissenschaftlichen Weltauffassung‹, dann haben sie in diesem Augenblick schon den Charakter der Wissenschaftlichkeit wieder verloren. Das ist nichts Schlimmes. Der Schaden besteht eher darin, daß wie beim Willensfreiheitsdisput ein respektables Anliegen durch falsche Argumente beschädigt wird. Es ist in diesem Falle der Wunsch, daß alle am Gespräch Beteiligten Argumenten (im Sinne Poppers, vgl. S. 56) zugänglich sein mögen. Gerade die wilden Gehaltserweiterungen wissenschaftlicher Befunde zu einer dogmatischen Weltauffassung verhindern das.

Das primäre Steuerungssystem unseres Kommunizierens und Handelns wird immer die Alltagssprache bleiben, von »jedem Fluch der Ruderer in den Galeeren« bis zu den feinsten Blüten der ›gepflegten Semantik‹.[23] Sie wird immer tendenziell das Ganze unserer Lebenswelt umfassen. Die ungenaue und unzuverlässige Aussage »Ich liebe dich« läßt sich nicht durch ein genaues und zuverlässiges Attest des neurophysiologischen

Gesamtstatus ersetzen, obwohl beides sich auf dasselbe Geschehen bezieht. Gerade die Ungenauigkeit der Alltagssprache öffnet Anschlüsse vielfältigster Art und wird damit dem Prozeßcharakter des Lebens gerecht. ›Szientistische‹ Menschen-Wissenschaft wird immer nur in Form von Korrekturen an der alltagssprachlich konstituierten Weltansicht lebenswirksam werden. Unser kognitiv-emotionaler Apparat ist unter dem Druck von Bewährungen in Alltagssituationen entstanden; wir können ihn verbessern, aber nicht ersetzen. In der Alltagssprache bildet sich Intersubjektivität, sie strukturiert unsere Umwelt, ist das Medium gemeinsamer Entscheidungsfindung, bietet Lösungen für unsere Lebensprobleme oder sagt uns zumindest, daß wir nicht mit ihnen allein sind. Diese alltagssprachlich konstituierte Zwischenwelt ist aber ein buntes, naturwüchsiges Gemisch aus Wahrheit und Irrtum, Gut und Böse, das durch die kleinen und großen Katastrophen der Lebenspraxis nur zufällig und spontan korrigiert wird – solange nicht eine Instanz kritischer Prüfung und Aufklärung hinzutritt. Dieses Amt können die empirischen Wissenschaften vom Menschen wahrnehmen.

Anmerkungen

1 Unterscheidungen

1 In dem Gedicht *Über den Ursprung des Übels.*

2 Schiller 2004, S. 289 f.

3 Gigerenzer, Todd 1999, speziell Teil III; ferner Gigerenzer 2000 und 2006.

4 Die Wörter ›Instinkt‹, ›Trieb‹, ›Verhaltensprogramm‹, ›Adaptation‹ beziehen sich auf denselben Sachverhalt, stellen aber unterschiedliche Anschlüsse her.

5 A. Assmann 2006, S. 28.

6 Berger, Luckmann 1977, S. 50.

7 Gehlen ¹³1997, S. 20.

8 Ebd., S. 26; Hervorhebung von mir.

9 Vgl. insbesondere Gehlens 12. Kapitel.

10 Ebd., S. 104.

11 James 1909, S. 399. Hervorhebung im Original.

12 Ebd., S. 398.

13 Gehlen ¹³1997, S. 333. Gehlen verwendet die Begriffe hier ausdrücklich synonym.

14 Lorenz hatte aber schon in den dreißiger Jahren gezeigt, daß es so ein abstraktes Ding wie den Artgenossen für das Tier eigentlich nicht gibt, sondern eine Reihe unterschiedlicher ›Kumpane‹, wie er sie (mit Uexküll) nennt: den Elternkumpan, Kindkumpan, Geschlechtskumpan, Sozialkumpan, Geschwisterkumpan. Lorenz (1935) 1965, S. 95-228.

15 Programmatisch: Tooby, Cosmides 1990. Handbücher: Buss (Hg.) 2005; daraus der wichtige grundlegende Artikel von Tooby, Cosmides 2005, auch http://www.cbd.ucla.edu/downloads/concept-j16. pdf [zuletzt gesehen 22.9.2008]; Barrett, Dunbar, Lycett 2002; Dunbar, Barrett (Hg.) 2007. Ferner Voland ²2000 und 2007. Die Titel von Volands Büchern verdecken, daß sie eine Brücke zur Evolutionären Psychologie schlagen. Zur Geschichte der Evolutionären Psychologie vgl. Meyer ²2002.

16 Buss 2003, speziell S. 164 ff.

17 Tinbergen 1952, S. 144 f.

18 Da bei diesem Argumentationszug unausweichlich der Einwand

kommt, wir wüßten überhaupt nichts über die pleistozänen Lebensverhältnisse und würden nur irgendwelche Ad-hoc-Geschichten zusammenfabeln, sei aus der Erwiderung von Tooby und Cosmides auf einen entsprechenden Vorhalt Stephen J. Goulds zitiert: »Those who actually work across disciplines on the inferential reconstruction of the past realize that we know with certainty thousands of important things about our ancestors – many of which can be useful in guiding psychological (or e.g., medical) research: Our ancestors nursed, had two sexes, hunted, gathered, chose mates, used tools, had color vision, bled when wounded, were predated upon, were subject to viral infections, were incapacitated from injuries, had deleterious recessives and so were subject to inbreeding depression if they mated with siblings, fought with each other, lived in a biotic environment with felids, snakes, and plant toxins, etc. It is a certainty that our ancestors lived in a world in which the principles of kinematic geometry governed the motions of objects (a set of facts that allowed Roger Shepard to develop his theories about the evolutionary foundations of psychophysics that, in part, won him the National Medal of Science). It is equally a certainty that hominids had eyes, looked at what interested them, and absorbed information about what they were looking at, making eye-gaze direction informative to on-lookers. Simon Baron-Cohen, at Cambridge University, has elaborated a subtle and far-reaching research program based on these obvious facts about the ancestral world, leading to the discovery of a series of important cognitive, developmental, and neural phenomena.« http://cogweb. ucla.edu/Debate/CEP_Gould.html [zuletzt gesehen 30. 11. 2008].

19 Bernard 1924, S. 218.
20 Gigerenzer, Selten (Hg.) 2001, ferner Bröder 2005.
21 So z. B. im Leitaufsatz von Barkow, Cosmides, Tooby (Hg.) 1992, S. 19-136.
22 Tooby, Cosmides 1992, S. 113.
23 Ein entsprechendes Mißverständnis führt zum Beispiel zu Gerhard Roths Kritik am Modularitätskonzept. Roth 1997, S. 193. Zu diesem Mißverständnis hat nicht zuletzt der Brauch Chomskys und seiner Schüler geführt, metaphorisch von einem ›Sprachorgan‹ zu sprechen. Auch die Module Jeremy Fodors, des ›Erfinders‹ dieses Konzepts, sind noch sehr ›Organ-nah‹.

24 Zu Niklas Luhmanns Konzept der strukturellen Kopplung und dessen Verhältnis zur Autopoiesis vgl. Eibl 1996.

25 Wehr, Weinmann (Hg.) 1999.

26 Cheney, Seyfarth 1994.

27 Bühler ³1999.

28 Die Vorstellung einer physischen Genealogie, wie Pinker 1996, S. 409, sie vorsichtig erwägt, ist nicht zwingend. Rizzolati, Sinigaglia 2008, S. 160 f., betonen, daß die neuralen Schaltungen bei den Rufen der nichtmenschlichen Primaten ganz andere seien als beim Menschen. Sie vermuten den Ursprung bei einer frühen Gebärdensprache. Vgl. ferner Fitch 2006 mit der erwägenswerten Hypothese einer Sprachentstehung aus dem Gesang. Doch unabhängig von anatomischen und Ursprungsfragen ist auf Funktionsebene die Ausdifferenzierung der Vergegenständlichungsleistung von entscheidender Bedeutung.

29 Einen gründlichen Überblick über die einschlägige Diskussion gibt Jäger 2004. Vgl. im selben Band speziell Bickerton 2004. Ferner: Jäger 2001.

30 Das Fremdwörterbuch von 1960. Im neuen Universalwörterbuch ist die Definition ›liberaler‹. Vgl. auch hier S. 155.

31 Eibl 2003 sowie Eibl 2004a, S. 232 ff.

32 Uexküll, Kriszat 1956.

2 Alles nur Konstruktion! Nur?

1 Luhmann ³2004, S. 19.

2 Popper 1973, S. 56 f.

3 *Der Spiegel*, Nr. 51, 17. 12. 2007, S. 174.

4 Oder biologisch argumentierender Psychologen wie Daly, Wilson 1988.

5 Hrdy 2002, S. 340 ff. Laut Hrdy haben sich speziell Sozialwissenschaftler zunächst geweigert, die Kindstötung durch Primatenmütter zu glauben: Sie brauchten die Legende vom ›guten Tier‹, um die Konflikthaftigkeit der Menschenwelt allein auf den kulturellen Faktor beziehen zu können. Vgl. zum Gegenstand ferner Parmigiani, vom Saal (Hg.) 1994.

6 Vgl. etwa Weisgerber ²1964, S. 59 ff. Den Hinweis, daß schon

Weisgerber das Wort in ähnlichem Zusammenhang verwendet hat, verdanke ich Ludwig Jäger.

7 Humboldt 1973, S. 243.
8 Jäger 2007, S. 21.
9 Vgl. Whorf 1984.
10 Humboldt 1973, S. 15.
11 Wittgenstein 1963, 5.6.
12 Den hübschen Fall eines Gelingens berichtet Senft 2004, S. 175: Amerikanischen und japanischen Informanten wurde ein Trickfilm vorgeführt, in dem unter anderem ein Protagonist sich mit einem Seil von einem Haus zum anderen schwang. Das Japanische kennt keinen Ausdruck für dieses Schwingen. So mühten sich die Informanten mit Umschreibungen ab, unter anderem mit der Ad-hoc-Prägung: »Er tarzant hinüber«. Was will man mehr?
13 Goodman ³1995, S. 19. Goodman hebt im Kontext ab auf die Kraft der Wörter, Inhalte zu fixieren, und beruft sich auf die gegenstandskonstituierende Potenz der Sprache. Deshalb erscheint mir die Ersetzung von ›Welt‹ durch ›Zwischenwelt‹ im Sinne meiner Argumentation zwingend.
14 Dawkins 1999.
15 Wrangham, Peterson 2001, S. 225 f. Für innerartliche Auseinandersetzungen ist solcher Werkzeug-(Waffen-)Gebrauch noch nicht nachgewiesen.
16 »Die nicht vererbte Weitergabe von Gewohnheiten wird heute in der Verhaltensforschung als Kultur definiert. Es handelt sich dabei nicht um instinktives, von Genen gesteuertes, sondern um erlerntes Verhalten«, heißt es zu diesem Zweck im Jahresbericht der Max-Planck-Gesellschaft 2000, S. 53. Programmatisch: Boesch, Tomasello 1998, S. 591 f. Auch: http://cogweb.ucla.edu/Abstracts/Boesch_Tomasello_98.html#FullText [gesehen 20. 10. 2008].
17 Zur Problematik des Lernens und Lehrens bei Menschenaffen vgl. Paul 1998, S. 230 ff.
18 Rousseau 1998, S. 74.
19 »Gemäß dem derzeitigen Forschungsstand ist der Krieg erst mit der Sesshaftigkeit meso- und neolithischer Bevölkerungsgruppen entstanden.« (Helbling 2005, S. 207) »Die These von der friedlichen Urnatur des Menschen hält allerdings einer kritischen Prüfung nicht stand.« (Eibl-Eibesfeldt 1994, S. 209)

20 Hierzu und zu vielen weiteren Folgen siehe Diamond [2]1999.

21 ›Vater‹ bezeichnet hier wie auch bei anderen Erwähnungen nicht
    eine Person, sondern eine Systemstelle. Im Tierreich wie bei den
    Menschen sind dabei sehr unterschiedliche Konstruktionen mög-
    lich, die aber alle auf diese Funktion hinauslaufen oder sie zumin-
    dest mitversorgen. Bei den Aché in Paraguay reicht ein Vater nicht
    aus zum Zeugen. Außer dem, der das Kind in die Gebärmutter
    setzt, sollte es noch einer (oder mehrere) durchmischen, einer sollte
    es ausschütten, und einer sollte für die Essenz sorgen. Sie sind aber
    alle für das Kind verantwortlich! Keine schlechte Lösung unter den
    gefährlichen Lebensumständen dieses Volkes. Die Statistik hat hier
    weitere Klärung gebracht: Die beste Überlebenserwartung haben
    Kinder mit zwei Vätern. Bei mehr Vätern nimmt anscheinend mit
    der Vaterschaftswahrscheinlichkeit auch die Fürsorge ab. Vgl. Hrdy
    2002, S. 290 ff. Auch an Bärenpavianen wurde eine Korrelation von
    Paarbindung und Überlebenschance der Kinder mit der wünschens-
    werten statistischen Akribie beobachtet. Vgl. Anderson 1989.

22 Weitere Details bei Diamond 1994 und H. Fisher 1993, bes.
    S. 357 ff., mit entsprechenden Literaturhinweisen.

23 Zu diesem Medienbegriff, der sich von einer isolierten Betrach-
    tung der Schriftlichkeit und der modernen Massenmedien absetzt,
    vgl. Jäger 2007.

24 Luhmann 1980, S. 24.

25 Ebd., S. 19.

26 Ebd., S. 178 f.

27 Zur empirischen Prüfung der Hypothese, daß die Kategorisierung
    nach Rassen ein reversibles Nebenprodukt der angeborenen Ten-
    denz zur Suche nach Allianzpartnern ist, vgl. Kurzban, Tooby, Cos-
    mides 2001.

3 Hiatus

1 Gehlen [13]1997, S. 333.

2 Mellmann (in Vorbereitung).

3 Eibl-Eibesfeldt 2000, S. 57.

4 Byrne, Whiten 1990. Eine populäre Darstellung, weit über die
   Primaten hinausgreifend: Linden 2002.

5   Sommer 1992, S. 95.
6   Förstl 2007 (Hg.), S. VI.
7   Cosmides, Tooby 2000; Tooby, Cosmides 2001. Dieser Aufsatz auch in deutscher Übersetzung 2006. Tooby und Cosmides operieren mit den Begriffen Repräsentation und Metarepräsentation. Ich verwende die etwas weniger voraussetzungsvollen Begriffe Information/Metainformation.
8   Tooby, Cosmides 2001, S. 235.
9   Prinz 2004, S. 135.
10 Habermas 1973, S. 239.
11 Ebd., S. 240.
12 Popper 1973, z. B. S. 137 ff.
13 Unter evolutionärem Aspekt würde ich allerdings etwas anders konzipieren: Tiersprachen enthalten auch Darstellungsmomente, sind insofern ›trifunktional‹. Das menschliche Spezifikum ist nicht die Darstellungsdimension, sondern deren *Ausdifferenzierung*, die es dann ermöglicht, über Deskriptionen zu diskutieren. Vgl. Eibl 2004a, S. 224 ff.
14 Zu diesem Komplex siehe neben Scherer 1994 insbesondere Cosmides, Tooby 2001. Verfügbar auch unter: http://www.psych.ucsb.edu/research/cep/papers/Emotions2000.pdf (21. 2. 2007). Ferner: Mellmann 2006a und b.
15 LeDoux 1998, S. 21. Terminologisch ist die Sache etwas vertrackt, weil LeDoux auch die unbewußten Zustände als Emotionen bezeichnet, die bewußten im Unterschied dazu als ›emotionales Empfinden‹. In der Sache wäre also Scherers Emotion LeDoux' emotionales Empfinden.

4   Kulturelle Universalien, universelle Dispositionen

1   Zu diesem Komplex vgl. Mayr 1991.
2   In deutscher Übersetzung ist die Liste als Anhang abgedruckt zu Hejl 2001.
3   Der Anhang von Antweiler 2007 druckt neun solcher Listen ab.
4   Vgl. Holenstein 1985.
5   Antweiler 2007, S. 248.
6   Aus ethnologisch-kulturalistischer Perspektive Geertz 1992.

7   Vgl. Sbrzesny 1976.

8   Reichholf ⁶2004, S. 178 f.

9   Tooby, Cosmides 2005, S. 25 ff.

10 Schiefenhövel 1993, S. 255.

11 Jankowiak (Hg.) 1995.

12 H. Fisher 2005, S. 252.

13 H. Fisher 2000. Ebenso im vorgenannten Buch.

14 Jankowiak (Hg.) 1995, S. 138. Die eigene Wahl spielt möglicherwei-
    se auch hier eine verborgene Rolle: Daß von der ersten Frau nicht
    die Rede ist, liegt vielleicht daran, daß die Erst- und Hauptfrau
    in der Regel nach Allianz-Gesichtspunkten durch die Eltern be-
    stimmt wird, während erst bei den weiteren Frauen ein Moment
    der Wahl hinzukommt.

15 Carter, Getz 1993, ferner: Young, Wang, Insel 1998.

16 Hier spuken allerlei intentionalistische Formulierungen herum,
    vornehmlich daß die Frauen ihren Eisprung ›verheimlichen‹. Daß
    alle Erklärungsversuche »bewußte oder unbewußte Täuschungs-
    manöver (oder gar Selbsttäuschung) am Werk« sehen (so Sommer
    1992, S. 168), läßt die produktive Funktion fast vergessen. Daß
    auch die Frauen daran Freude haben könnten, kommt bei den Er-
    klärungsversuchen ohnedies nicht vor.

17 Luhmann 1982b.

18 Anwendungen etwa bei Bobsin 1994 sowie Willems 1995.

19 Ausführliche Referate bei Bischof ⁵1997.

20 Westermarck 1893, S. 320 f.

21 Hierzu speziell Freuds Schrift *Totem und Tabu*.

22 Lévi-Strauss ³1984.

23 Benedict 1955, S. 30 f.

5   Kooperation und Krieg

1   Campbell 1975. Dort auch die Zeichnung einer kunstvollen Zug-
    feder-Konstruktion, die den Zusammenhang versinnlicht.

2   Mayr 1991, S. 115.

3   LeDoux 1998, S. 244 – vielleicht nur ein popularisierendes Zuge-
    ständnis.

4   Als Taschenbuch inzwischen in der 33. Auflage.

5   Ich gebe zu, daß das eine sehr freie Paraphrase des Gefangenen-
     dilemmas ist. Näheres in Eibl 2004a, S. 165 ff.
6   Axelrod [6]2005.
7   Bischof [5]1997, Definition S. 199.
8   Axelrod [6]2005, S. 88.
9   Cosmides 1989.
10   Zur Bestrafung: Price, Cosmides, Tooby 2002.
11   Vgl. z. B. Niemitz 1987.
12   Grundlegend hierzu J. Assmann [3]2000.
13   Überzeugend und materialreich stellt diese Entwicklung Vowink-
     kel 1995 dar.
14   Wickler, Seibt 1977, »Soziobiologie des Löwen«, S. 85-114. Zu
     neueren Forschungen vgl. Packer, Pusey 1997.
15   Eine fein säuberliche Tabelle sämtlicher (bis dahin) 28 infantizi-
     den Affenarten mit ihren wesentlichen Merkmalen bei Paul 1998,
     S. 50 f. Dort auch ausführliche Diskussion möglicher Ursachen.
16   Daly, Wilson 1988 und 1994.
17   Vgl. Goodall 1986 sowie Boesch, Boesch-Achermann 2000.
18   Der Ursprung des Begriffs soll bei Erik H. Erikson, *Identity: Youth
     and Crisis*, London 1968, liegen.
19   Buss 2007. Zur Ergänzung dieses etwas marktschreierischen Bu-
     ches empfehle ich Daly, Wilson 1988.

6   Gibt es kulturelle Evolution?

1   Nähere Argumentation bei Eibl 2004b, S. 27 ff.
2   Vgl. Edelman 1993.
3   Näheres dazu Koselleck [3]1992, speziell S. 407 ff.
4   Die heute geläufige Abfolge von segmentär, stratifikatorisch
     und funktional differenzierter Gesellschaft gehört nur dann in die-
     sen Zusammenhang, wenn man sie als eine Art Aufstieg versteht.
     Gelegentlich wird auch Norbert Elias' Zivilisationstheorie hierher
     gezählt.
5   Spengler 1959, S. 16.
6   Ebd., S. 1.
7   Musil 1978, S. 1044.
8   Wilson 1998, S. 183.

9   Dawkins 2000, S. 388.

10   Vgl. nun seine ›memetische‹ Religionserklärung in Dawkins 2007.
     Dort auch, S. 277 f., einige Titel zur Rezeptionsgeschichte der ›Me-
     metik‹.

11   Dennett 1997, S. 477 f.

12   Eine deutliche mystische Schlagseite weist zum Beispiel Blackmore
     2000 auf.

13   Z. B. S. 28 f. – Auch von der Formulierung vom ›egoistischen Gen‹
     distanziert Dawkins sich nun gerade so weit, daß man ihn nicht
     mehr kritisch beim Wort nehmen kann. Er schreibt: »Auch ein
     Gen gehört nicht zu den Dingen, auf die man ein Wort wie ›egoi-
     stisch‹ anwenden sollte. Aber ich fordere jeden nachdrücklich auf,
     seine Kritik aufrecht zu erhalten, nachdem er nicht nur den Titel,
     sondern das ganze Buch *Das egoistische Gen* gelesen hat.« (Dawkins
     2000, S. 248) Ich erhalte sie aufrecht, nicht zuletzt wegen der Fol-
     gen, die gerade dem Didaktiker nicht ganz gleichgültig sein soll-
     ten.

14   Dennett 1997, S. 480.

15   Vgl. Dawkins 1978, S. 43.

16   So Mayr 1991, S. 129.

17   Ich halte es für denkbar, daß über den Luhmannschen Systembe-
     griff auch Einheiten der kulturellen Evolution gewonnen werden
     können, welche die Elastizität des Mem-Begriffs mit der Erfor-
     dernis der Integration in Funktionseinheiten verknüpfen. Dazu ist
     allerdings noch eine Menge Modellarbeit nötig, bei der der Begriff
     des Systems behutsam von einigen Anhängseln der Dogmatik sei-
     ner Herkunft befreit werden müßte. Interessante Ansätze z. B. bei
     Luhmann 1992, S. 549 ff.

18   So das Szenarium bei Reichholf [6]2004, S. 125 ff. und passim. Ähn-
     liche Bedeutung hat der Dauerlauf für die Ausdauerjagd, die noch
     heute von den ›San‹ (Buschmännern) betrieben wird.

19   Das *Historische Wörterbuch der Philosophie* beginnt seinen um-
     fangreichen Artikel »Nachahmung« standesgemäß mit Aristote-
     les.

20   Laland 2001.

21   De Waal 2001, S. 211.

22   Voland [2]2000, S. 24. Ferner Voland 1998, S. 341 f.

23   Kant 1983, S. 571 f.

24 Eine geradezu possierliche Abbildung bei Eibl-Eibesfeldt [7]1987, S. 328.

25 Erörtert z. B. von Boyd, Richerson 1985; Campbell 1965; Wilson 1980, speziell S. 71 ff.

7 Biogene Aporien und Irrtümer

1 Begriff von Gerhard Vollmer, auf dessen Arbeiten ich hier nachdrücklich hinweise. Ferner: Wickler, Sawiczek (Hg.) 2001; Radnitzky, Bartley III. (Hg.) 1987.

2 Vollmer [3]1983, S. 137.

3 Kant 1956, S. 5.

4 Dazu ausführlicher und in anderem Zusammenhang Eibl 2009.

5 Habermas 1973, die älteren Positionen in Skirbekk (Hg.) 1977, einen Überblick gibt Künne 1994. – Es handelt sich um die Rekapitulation von philosophischem Einführungswissen, deshalb verzichte ich hier auf ausführliche Literaturangaben.

6 Hegel 1970, S. 55 (Vorrede).

7 Z. B. Riedl 1980, S. 148.

8 Außer Deweys ›Instrumentalismus‹ wäre natürlich William James' ›Pragmatismus‹ zu nennen. Ein zustimmendes Peirce-Referat bei James 1994, S. 28, mag die Last einer Definition übernehmen: »Peirce weist darauf hin, daß unsere Überzeugungen tatsächlich Regeln für unser Handeln sind, und sagt dann, daß wir, um den Sinn eines Gedankens herauszubekommen, nichts anderes tun müssen, als die Handlungsweise bestimmen, die dieser Gedanke hervorzurufen geeignet ist.« Einen Einblick in gegenwärtige ›kontinentale‹ Diskussionen des Pragmatismus gibt Sandbothe (Hg.) 2000.

9 Mach [5]1906.

10 Z. B. Bolz [2]1992.

11 Vgl. Lütterfels (Hg.) 1987.

12 Stegmüller 1971, S. 5.

13 Hume 1993, S. 47. – Leider hat es sich unter Anti-Behavioristen eingebürgert, Hume als Stammvater des Behaviorismus zu zitieren. Es würde sich lohnen, Hume selbst zu lesen …

14 Stegmüller 1971, Zitat eines Diktums von C. D. Broad.

15 Hume 1993, S. 50. Schon Hume betont das Instinkthafte des Vorgangs auch beim Menschen: »Es ist ein seelischer Vorgang, der in dieser Lage so unvermeidlich ist, wie der Affekt der Liebe, wenn wir Wohltaten empfangen, oder des Hasses, wenn man uns Leid antut. All diese Vorgänge sind eine Gattung natürlicher Instinkte, welche keine Vernunfttätigkeit, d. h. kein gedankliches oder verstandesmäßiges Verfahren hervorzubringen noch zu verhüten fähig ist.« (S. 59)

16 Stegmüller 1972, S. 79 ff. Dort auch ein Versuch, Carnaps Position mit der ›antiinduktivistischen‹ Position Poppers zu versöhnen, auf der vermutlich richtigen Basis, daß Induktion als eine forschungs*psychologische* Kategorie Popper gar nicht interessierte.

17 Aktuelle kognitivistische Referenzen (ohne ernsthafte Berücksichtigung des evolutionären Aspekts) sind Lakoff, Johnson 2000 und 1999. Turner 1996 spricht in ähnlichem Zusammenhang von ›Parabel‹.

18 Etwas ausführlicher Eibl 2006.

19 Vgl. z. B. Topitsch 1988.

20 Die biologische Deutung der von Topitsch ferner herangezogenen ekstatisch-kathartischen Seelenvorstellungen bedürfte ausführlicherer Behandlung. Ich verzichte darauf, da es hier nur um einige illustrierende Beispiele geht.

21 Speziell zu dieser mißbräuchlichen Gleichgewichtsvorstellung und ihren Folgen vgl. Reichholf 2008b.

22 Überblick ohne die evolutionäre Perspektive bei Köster 2007.

23 Lorenz ⁴1983.

24 Einen Einblick in die Vielfalt von kulturellen Nutzungen der Raum-Vorstellung gibt nun die Sammlung von Dünne, Günzel (Hg.) 2006. Sie enthält leider keine Beiträge aus der Biologie oder der aktuellen Psychologie. Zur aktuellen Diskussion ist auf die entsprechenden Arbeiten am Max-Planck-Institut für Psycholinguistik in Nijmwegen hinzuweisen. Einen Einblick gibt Senft 2004. Ausführlicher Levinson 2005.

25 Goldstein ²2002, das Kapitel »Lageorientierung und vestibuläres System«, S. 499 ff.

26 In Eibl 2004a habe ich zur Auflockerung eine kleine Blütenlese aus Google gegeben. Aber das kann jeder selbst machen.

27 Sturma 2006, S. 9 f.

28 Luhmann ³2004, S. 46 f.

8 Religionen, Weltansichten

1 Schönborn 2005, hier zitiert in der deutschen Übersetzung http://www.stjosef.at/dokumente/evolution_schoepfung_schoenborn.htm.

2 Überblick Stückelberger 1988.

3 Cicero, *De natura deorum* II 93 f., bzw. eine Fernsehsendung des ORF vom 17.1.2006 in der Reihe ›philosophicum‹.

4 Ich folge bei diesem Befund Luhmann 1982a, versuche aber, den Luhmannschen Ideolekt zu vermeiden.

5 Du Bois-Reymond ⁵1903.

6 Ich weise hier nur pauschal auf Eibl 1994 hin.

7 Die Religionsschelte von Dawkins 2007 versucht zwar auch eine biologische Erklärung von Religion zu geben, aber der kritische Furor des Autors läßt nichts Brauchbares zustande kommen. Weiter führt Boyer 2004. Noch einmal ausdrücklich sei auf Luhmanns Studien 1982a hingewiesen, die auch die Nebenfunktionen behandeln. Ferner noch immer die Arbeiten von Topitsch.

8 Ich bevorzuge ›Weltansichten‹. Die Vielzahl von Kontexten, in denen das Wort ›Weltanschauung‹ verwendet wurde (bis hin zur ›nationalsozialistischen Weltanschauung‹ und zur ›marxistisch-leninistischen Weltanschauung‹), würde immer wieder präzisierende Exkurse erfordern.

9 Zur Wiedervereinigungsfigur vgl. Eibl 2008.

10 Noch immer lesenswert die kluge Darstellung von Lange 1873/1875.

11 Es wird Autorschaft Hölderlins, Schellings, Hegels vermutet, die Niederschrift stammt von Hegels Hand. Abdruck z.B. in Hölderlin 1970, S. 917 ff.

12 Schleichert (Hg.) 1975; Stöltzner, Uebel (Hg.) 2006.

13 Carnap, Hahn, Neurath 1975 (1929).

14 Carnap 1975 (1931).

15 Carnap, Hahn, Neurath 1975 (1929), S. 20; http://www.uni-erfurt.de/theophil/Homepage-Neu-mit-Frames/Huemer/manifest.pdf [zuletzt gesehen 7.9.2008].

16 Bennett, Hacker 2003, S. 399 f. – Dazu ausführlicher in Eibl 2007, bes. S. 432 ff.

17 Wilson 1998, speziell S. 85 ff.

18 Vgl. hierzu Eibl 2008.

19 Wilson 1998, S. 54.
20 Kutschera ²1999, bes. S. 31 ff.
21 Der entsprechende Abschnitt ist jetzt leicht greifbar in Bayertz (Hg.) 1993, S. 84 ff.
22 Wilson 1998, S. 333.

9 Kunst und Unterhaltung

1   Einen Versuch, von der anderen, geistesgeschichtlichen Seite her einen Konsens von idealistischer und naturalistischer Ästhetik zu ermitteln, unternimmt Menninghaus 2003.

2   Überblick bei Thornhill 2003. Weder in Thornhills Beitrag noch sonst irgendwo im Buch kommen Musik und Literatur vor. Eine Rezension, die das Buch im Kontrast zu Menninghaus 2003 behandelt, ist Eibl 2004b. Speziell zur menschlichen geschlechtlichen Zuchtwahl vgl. Etcoff 2001.

3   Details dazu im Sammelband von Voland, Grammer 2003.

4   Begriff der »runaway selection« erst bei R. Fisher 1930.

5   Vgl. Zahavi, Zahavi 1998.

6   Miller 2001. Einige Einwände gegen Millers Argumentation in Eibl 2004a, S. 307 ff.

7   Darwin 1921, S. 155 f.

8   Tooby, Cosmides 2001. – Eine ganz ähnliche biologische Deutung des Spiels gaben schon die Bücher von Karl Groos.

9   Zum Begriffsumkreis insgesamt Anz 1998.

10 Tooby, Cosmides 2001 haben diesen Effekt unter dem Namen der ›Aesthetics‹ oder der ästhetischen Motivation gefaßt.

11 Überblick zum Thema: Jourdain 2001. Aktuelle Studien: Wallin, Merker, Brown (Hg.) 2000. Für die bildende Kunst haben wir das Glück, daß Eibl-Eibesfeldt und Christa Sütterlin 2007 eine Teamarbeit vorgelegt haben, die auf beiden Seiten, der Verhaltensforschung wie der Kunstgeschichte, gleichermaßen fundiert ist. Vgl. hierfür ferner Richter 1999 sowie, allerdings ohne ausführlichere Thematisierung des evolutionären Aspekts, Schuster 2000.

12 Mellmann 2006a, ferner Mellmann 2006b. Für den Medienbereich insgesamt Schwender ²2006.

13 Dazu speziell Menninghaus 2002.

14 Kant 1900 ff., Bd. 16, S. 127.
15 Schulze [8]2000.
16 Ich verwende das Wort mit Distanzierungsstrichlein, weil es zwar
   schnelle Verständigung erlaubt, aber nicht besonders genau ist. Es
   geht gerade nicht darum, daß die Person dauerhaft unverändert
   sein müßte, sondern darum, daß die unerläßlichen Veränderungen
   ohne größere Brüche erfolgen.

10 Ein neues Menschenbild?

1 Schiller 2004, S. 289.
2 Wolf Singer und Peter Janich in der *Frankfurter Allgemeinen
   Zeitung* vom 17.7.2008.
3 Kurios ist allerdings, daß in Dudens *Deutschem Universal-Wörter-
   buch* ›Beweis‹ im Sinne der Mathematik oder Logik gar nicht mehr
   vorkommt.
4 Peter Janich am 22.9.2008; nach der Internet-Ausgabe.
5 Elger u. a. 2004.
6 Ebd., S. 30.
7 Ebd., S. 33.
8 Ebd.
9 Ebd.
10 Sammlung der Diskussion in der *Frankfurter Allgemeinen Zeitung*
   bei Geyer (Hg.) 2004. Einen Versuch, dem Problem der Willensfreiheit durch gründliche Begriffsarbeit einen Sinn abzugewinnen,
   macht Bieri [5]2006.
11 Libet, Gleason, Wright, Pearl 1983 sowie Haggard, Libet 2001.
12 Tatsächlich betonen die Gehirnforscher immer wieder die Unzu-
   länglichkeit der Libet-Experimente. Aber warum berufen sie sich
   dann immer wieder auf sie?
13 Vgl. die entsprechende Stellungnahme von Duchaine, Cosmides,
   Tooby 2001.
14 Die Entdeckung der Spielgelneurone, die derzeit die Phantasie
   von Gehaltserweiterern befeuert, wird hier vielleicht Aufschlüsse
   bieten. Eine gut zugängliche Information aus erster Hand nun:
   Rizzolatti, Sinigaglia 2008.
15 Mach [5]1906, S. 20.

16 Ebd., S. 23.
17 Prinz 2004, S. 144.
18 Ebd., S. 139.
19 Hierzu besonders Damasio 2000.
20 Hier Zitate aus Singer 2002.
21 Avatare sind die künstlichen Stellvertreter echter Personen in man-
    chen Computerspielen (z. B. *Second Live*).
22 Die Gegenüberstellung von Holismus und Stückwerk stammt aus
    Popper ²1969, wird hier aber etwas modifiziert.
23 Luhmann 1980, S. 19.

Erwähnte Literatur

Anderson, Connie M., »The Spread of Exclusive Mating in a Chacma Baboon Population«, in: *American Journal of Physical Anthropology* 78 (1989), S. 355-368.

Antweiler, Christoph, *Was ist den Menschen gemeinsam? Über Kultur und Kulturen*, Darmstadt 2007.

Anz, Thomas, *Literatur und Lust. Glück und Unglück beim Lesen*, München 1998.

Assmann, Aleida, *Einführung in die Kulturwissenschaft. Grundbegriffe, Themen, Fragestellungen*, Berlin 2006.

Assmann, Jan, *Das kulturelle Gedächtnis. Schrift, Erinnerung und politische Identität in frühen Hochkulturen*, München ³2000.

Axelrod, Robert, *Die Evolution der Kooperation*, München ⁶2005.

Badinter, Elisabeth, *Die Mutterliebe. Geschichte eines Gefühls vom 17. Jahrhundert bis heute*, München 1982.

Barkow, Jerome H., Leda Cosmides, John Tooby (Hg.), *The Adapted Mind. Evolutionary Psychology and the Generation of Culture*, New York 1992.

Baron-Cohen, Simon, Donald J. Cohen, Helen Tager-Flusberg, *Understanding Other Minds. Perspectives from Developmental Cognitive Neuroscience*, Oxford 2000.

Barrett, Louise, Robin Dunbar, John Lycett, *Human Evolutionary Psychology*, Basingstoke 2002.

Bayertz, Kurt (Hg.), *Evolution und Ethik*, Stuttgart 1993.

Benedict, Ruth, *Urformen der Kultur*, Hamburg 1955.

Bennett, Maxwell R., Peter M. S. Hacker, *Philosophical Foundations of Neuroscience*, Malden 2003.

Berger, Peter L., Thomas Luckmann, *Die gesellschaftliche Konstruktion der Wirklichkeit. Eine Theorie der Wissenssoziologie*, Frankfurt/M. 1977 (engl. Original 1966).

Bernard, Luther Lee, *Instinct. A Study in Social Psychology*, New York 1924.

Bickerton, Derek, »Der Faktor X – Über den Entstehungszusammenhang von Sprache und Denken«, in: Lorenz Jäger und Erika Linz, Medialität und Mentalität, München 2004, S. 111-130.

Bieri, Peter, *Das Handwerk der Freiheit. Über die Entdeckung des eigenen Willens*, Frankfurt/M. [5]2006.

Bischof, Norbert, *Das Rätsel Ödipus. Die biologischen Wurzeln des Urkonflikts von Intimität und Autonomie*, München [5]1997.

Blackmore, Susan, *Die Macht der Meme. Die Evolution von Kultur und Geist*, Heidelberg und Berlin 2000.

Blumenberg, Hans, *Paradigmen zu einer Metaphorologie*, Frankfurt/M. 1999 [erstmals 1960].

Bobsin, Julia, *Von der Werther-Krise zur Lucinde-Liebe: Studien zur Liebessemantik in der deutschen Erzählliteratur 1770-1800*, Tübingen 1994.

Boesch, Christophe, Hedwig Boesch-Achermann, *The Chimpanzees of the Taï-Forest. Behavioural Ecology and Evolution*, Oxford 2000.

Boesch, Christophe, Michael Tomasello, »Chimpanzee and Human Cultures«, in: *Current Anthropology* 39 (1998), H. 5 (Dezember), S. 591-604 mit Diskussion. Auch: http://cogweb.ucla.edu/Abstracts/Boesch_Tomasello_98.html [gesehen 20.10.2008].

Bolz, Norbert, *Eine kurze Geschichte des Scheins*, München [2]1992.

Boyd, Robert, Herbert Gintis, Samuel Bowles, Peter J. Richerson, »The evolution of altruistic punishment«, in: *Proceedings of the National Academy of Sciences* (USA) 100 (2003), Sp. 3531-3535.

Boyd, Robert, Peter J. Richerson, *Culture and the Evolutionary Process*, Chicago und London 1985.

Boyer, Pascal, *Und Mensch schuf Gott*, Stuttgart 2004.

Bröder, Arndt, *Entscheiden mit der ›adaptiven Werkzeugkiste‹. Ein empirisches Forschungsprogramm*, Lengerich u. a. 2005.

Brown, Donald E., *Human Universals*, Philadelphia 1991.

Bühler, Karl, *Sprachtheorie. Die Darstellungsfunktion der Sprache*, Stuttgart [3]1999.

Buss, David M., *Wo warst du? Vom richtigen und falschen Umgang mit der Eifersucht*, Kreuzlingen 2001.

Buss, David M., »Evolutionspsychologie – ein neues Paradigma für die psychologische Wissenschaft«, in: A. Becker u. a. (Hg.), *Gene, Meme und Gehirne. Eine Debatte*, Frankfurt/M. 2003, S. 137-226.

Buss, David M. (Hg.), *The Handbook of Evolutionary Psychology*, Hoboken 2005.

Buss, David M., *Der Mörder in uns. Warum wir zum Töten programmiert sind*, München 2007.

Byrne, Richard, Andrew Whiten, »Tactical Deception in Primates. The 1990 Database«, in: *Primate Report* 27 (1990), S. 1-101.

Campbell, Donald T., »Variation and Selective Retention in Socio-Cultural Evolution«, in: Herbert R. Barringer, George I. Blankstein, Raymond W. Mack (Hg.), Social Change in Developing Areas. A Re-Interpretation of Evolutionary Theory, Cambridge / Massachusetts 1965, S. 19-49.

Campbell, Donald T., »On the conflicts between biological and social evolution and between psychology and moral tradition«, in: *American Psychologist* 30 (1975), S. 1103-1126. Teilübersetzung: »Zum Konflikt zwischen biologischer und sozialer Evolution«, in: *Psychobiologie. Wegweisende Texte der Verhaltensforschung von Darwin bis zur Gegenwart*, hg. v. Klaus R. Scherer, Adelheid Stahnke und Paul Winkler, München 1987, S. 414-434.

Carnap, Rudolf, »Überwindung der Metaphysik durch logische Analyse der Sprache«, in: *Erkenntnis* 2 (1931), S. 219-240 (Nachdruck Schleichert, *Logischer Empirismus* [siehe unten], S. 149-171).

Carnap, Rudolf, Hans Hahn, Otto Neurath, *Der Wiener Kreis der wissenschaftlichen Weltauffassung*, Wien 1929 (Nachdruck: Schleichert, *Logischer Empirismus* [siehe unten], S. 201-223).

Carter, C. Sue, Lowell L. Getz, »Monogamie bei der Präriewühlmaus«, in: *Spektrum der Wissenschaft* 1993, H. 8 (August), S. 62-67.

Cheney, Dorothy L., Robert M. Seyfarth, *Wie Affen die Welt sehen. Das Denken einer anderen Art*, München 1994.

Cicero, Marcus Tullius, *De natura deorum / Über das Wesen der Götter*, hg. v. Ursula Sangmeister, Stuttgart 1995.

Cosmides, Leda, »The logic of social exchange: Has natural selection shaped how humans reason? Studies with the Wason selection task«, in: *Cognition* 31 (1989), S. 187-276.

Cosmides, Leda, John Tooby, »Consider the Source: The Evolution of Adaptations for Decoupling and Metarepresentation«, in: Dan Sperber (Hg.), *Metarepresentations. A multidisciplinary perspective*, Oxford 2000, S. 53-115.

Cosmides, Leda, John Tooby, »Evolutionary Psychology and the Emotions«, in: M. Lewis, J. M. Haviland-Jones (Hg.), *Handbook of Emotions*, New York ²2001, S. 91-115. Verfügbar auch unter: http://www.psych.ucsb.edu/research/cep/papers/Emotions2000.pdf (21. 2. 2007).

Daly, Martin, Margo Wilson, *Homicide*, New York 1988.

Daly, Martin, Margo Wilson, »Some differential attributes of lethal assaults on small children by stepfathers versus genetic fathers«, in: *Ethology and Sociobiology* 15 (1994), S. 207-217.

Damasio, Antonio R., *Ich fühle, also bin ich. Die Entschlüsselung des Bewusstseins*, München 2000.

Darwin, Charles, *Die Abstammung des Menschen und die geschlechtliche Zuchtwahl*. Übersetzt und herausgegeben von Carl W. Neumann. Leipzig o. J. [1921].

Dawkins, Richard, *Das egoistische Gen*, Heidelberg 1978.

Dawkins, Richard, *The Extended Phenotype. The Long Reach of the Gene*, Oxford und New York 1999.

Dawkins, Richard, *Der entzauberte Regenbogen. Wissenschaft, Aberglaube und die Kraft der Phantasie*, Reinbek 2000.

Dawkins, Richard, *Der Gotteswahn*, Berlin 2007.

De Waal, Frans, *Der Affe und der Sushimeister. Das kulturelle Leben der Tiere*, München 2001.

Dennett, Daniel C., *Darwins gefährliches Erbe. Die Evolution und der Sinn des Lebens*, Hamburg 1997.

Diamond, Jared, *Der dritte Schimpanse. Evolution und Zukunft des Menschen*, Frankfurt/M. 1994.

Diamond, Jared, *Arm und Reich. Die Schicksale menschlicher Gesellschaften*, Frankfurt/M. ²1999.

Diamond, Jared, *Kollaps. Warum Gesellschaften überleben oder untergehen*, Frankfurt/M. ²2008.

Du Bois-Reymond, Emil, *Über die Grenzen der Naturerkenntnis – Die sieben Welträtsel. Zwei Vorträge*, Leipzig ⁵1903.

Duchaine, Bradley, Leda Cosmides, John Tooby, »Evolutionary psychology and the brain,« in: *Current Opinion in Neurobiology* 11 (2001), S. 225-300.

Dunbar, Robin, *Klatsch und Tratsch. Wie der Mensch zur Sprache fand*, München 1998.

Dunbar, Robert, Louise Barrett (Hg.), *Oxford Handbook of Evolutionary Psychology*, Oxford 2007.

Dünne, Jörg, Stephan Günzel (Hg.), *Raumtheorie. Grundlagentexte aus Philosophie und Kulturwissenschaften*, Frankfurt/M. 2006.

Edelman, Gerald M., *Unser Gehirn – ein dynamisches System. Die Theorie des neuronalen Darwinismus und die biologischen Grundlagen der Wahrnehmung*, München 1993.

Eibl, Karl, *Die Entstehung der Poesie*, Frankfurt/M. 1994.

Eibl, Karl, »Literaturgeschichte, Ideengeschichte, Gesellschaftsgeschichte – und das ›Warum der Entwicklung‹«, in: *Internationales Archiv für Sozialgeschichte der Literatur* 21 (1996), H. 2, S. 1-26.

Eibl, Karl, »Vergegenständlichung. Über die kulturstiftende Leistung der Sprache«, in: Fotis Jannidis, Gerhard Lauer, Matías Martínez, Simone Winko (Hg.), *Regeln der Bedeutung. Zur Theorie der Bedeutung literarischer Texte*, Berlin 2003, S. 566-590.

Eibl, Karl, *Animal Poeta. Bausteine der biologischen Kultur- und Literaturtheorie*, Paderborn 2004a.

Eibl, Karl, »Evolutionäre Ästhetik« [Rezension zu: Eckart Voland, Karl Grammer (Hg.), *Evolutionäre Ästhetik*, sowie Winfried Menninghaus, *Das Versprechen der Schönheit*], in: *KulturPoetik* 4 (2004b), H. 2., S. 278-287. Auch http://www.uni-saarland.de/fak4/fr41/Engel/kulturpoetik/rezo803-%20Eibl.htm [gesehen 30.9.2008].

Eibl, Karl, »Eine Kuh ist eine Ziege. Zu den evolutionsbiologischen Wurzeln der Metaphorik«, in: *Der Deutschunterricht* 58 (2006), H. 6, S. 44-52.

Eibl, Karl, »On the Redskins of Scientism and the Aesthetes in the Circled Wagons«, in: *Journal of Literary Theory* 1 (2007), H. 2, S. 421-442.

Eibl, Karl, »Epische Triaden. Über eine stammesgeschichtlich verwurzelte Gestalt des Erzählens«, in: *Journal of Literary Theory* 2 (2008) (im Druck).

Eibl, Karl, »Fiktionalität – bioanthropologisch«, in: Fotis Jannidis, Gerhard Lauer, Simone Winko (Hg.), *Grenzen der Literatur*, Berlin 2009 (im Druck).

Eibl-Eibesfeldt, Irenäus, *Grundriß der vergleichenden Verhaltensforschung. Ethologie*, München und Zürich ⁷1987.

Eibl-Eibesfeldt, Irenäus, »Aggression und Krieg. Zur Naturgeschichte der Aggression«, in: Wulf Schiefenhövel, Christa Vogel, Gerhard Vollmer, Uwe Opolka (Hg.), *Zwischen Natur und Kultur. Der Mensch in seinen Beziehungen*, Stuttgart 1994, S. 189-216.

Eibl-Eibesfeldt, Irenäus, »Vom Verhalten der Tiere«, in: *Grzimeks Tierleben*, Bd. 1, Augsburg 2000, S. 57-79.

Eibl-Eibesfeldt, Irenäus, Christa Sütterlin, *Weltsprache Kunst. Zur Natur- und Kunstgeschichte bildlicher Kommunikation*, Wien 2007.

Elger, Christian E., u. a., »Das Manifest«, in: *Gehirn & Geist*, Nr. 6, 2004, S. 30-37.

Etcoff, Nancy, *Nur die Schönsten überleben. Die Ästhetik des Menschen*, Kreuzlingen und München 2001.

Fisher, Helen, *Anatomie der Liebe. Warum Paare sich finden, sich binden und auseinandergehen*, München 1993.

Fisher, Helen, »Lust, Attraction, Attachment. Biology and Evolution of the Three Primary Emotion Systems for Mating, Reproduction, and Parenting«, in: *Journal of Sex Education and Therapy* 25 (2000), S. 96-104.

Fisher, Helen, *Warum wir lieben. Die Chemie der Leidenschaft*, Düsseldorf und Zürich 2005.

Fisher, Ronald A., *The Genetical Theory of Natural Selection*, London 1930.

Fitch, W. Tecumseh, »The biology and evolution of music: A comparative perspective«, in: *Cognition* 100 (2006), S. 173-215.

Förstl, Hans (Hg.), *Theory of Mind. Neurobiologie und Psychologie sozialen Verhaltens*, Heidelberg 2007.

Geertz, Clifford, »Kulturbegriff und Menschenbild«, in: Rebekka Habermas, Nils Minkmar (Hg.), *Das Schwein des Häuptlings. Sechs Aufsätze zur historischen Anthropologie*, Berlin 1992, S. 56-82.

Gehlen, Arnold, *Der Mensch. Seine Natur und seine Stellung in der Welt*, Wiesbaden ¹³1997.

Geyer, Christian (Hg.), *Hirnforschung und Willensfreiheit*, Frankfurt/M. 2004.

Gigerenzer, Gerd, *Adaptive Thinking: Rationality in the Real World*, New York 2000.

Gigerenzer, Gerd, *Bauchentscheidungen. Die Intelligenz des Unbewussten und die Macht der Intuition*, München 2006.

Gigerenzer, Gerd, Reinhard Selten (Hg.), *Bounded Rationality. The Adaptive Toolbox*, Cambridge / Massachusetts 2001.

Gigerenzer, Gerd, Peter M. Todd and the ABC research group, *Simple Heuristics That Make Us Smart*, Oxford 1999.

Goldstein, Bruce E., *Wahrnehmungspsychologie*, Heidelberg und Berlin ²2002.

Goodall, Jane, *The Chimpanzees of Gombe – Patterns of Behavior*, Cambridge / Massachusetts 1986.

Goodman, Nelson, *Weisen der Welterzeugung*, Frankfurt/M. ³1995.

Groos, Karl, *Die Spiele der Tiere*, Stuttgart 1896 (Gustav Fischer ³1930).

Groos, Karl, *Die Spiele der Menschen*, Stuttgart 1899 (Nachdruck Hildesheim und New York 1973).

Habermas, Jürgen, »Wahrheitstheorien«, in: Helmut Fahrenbach (Hg.), *Wirklichkeit und Reflexion*, Pfullingen 1973, S. 211-266.

Haggard, Patrick, Benjamin Libet, »Conscious Intention and Brain Activity«, in: *Journal of Consciousness Studies* 8 (2001), H. 11, S. 47-63.

Haverkamp, Anselm, *Metapher. Die Ästhetik in der Rhetorik*, München 2007.

Hegel, Georg Wilhelm Friedrich, *Grundlinien der Philosophie des Rechts*. Hg. von B. Lakebrink. Stuttgart 1970.

Hejl, Peter M., »Konstruktivismus und Universalien – eine Verbindung contre nature?«, in: Peter M. Hejl (Hg.), *Universalien und Konstruktivismus*, Frankfurt/M. 2001, S. 7-67, S. 75-77.

Helbling, Jürg, »Gewalt und Krieg in der ›Urgesellschaft‹«, in: Bernhard Kleeberg, Tilmann Walter, Fabio Crivellari (Hg.), *Urmensch und Wissenschaften. Eine Bestandsaufnahme*, Darmstadt 2005, S. 195-212.

Hölderlin, Friedrich, *Sämtliche Werke und Briefe*, hg. v. Günter Mieth, Bd. 1, München 1970.

Holenstein, Elmar, *Sprachliche Universalien. Eine Untersuchung zur Natur des menschlichen Geistes*, Bochum 1985.

Hrdy, Sarah Blaffer, *Mutter Natur. Die weibliche Seite der Evolution*, Berlin 2002.

Humboldt, Wilhelm von, *Schriften zur Sprache*, hg. v. Michael Böhler, Stuttgart 1973.

Hume, David, *Eine Untersuchung über den menschlichen Verstand*. Übersetzt von Raoul Richter, hg. v. Jens Kuhlenkampff, Hamburg 1993 (Original 1748).

Jäger, Ludwig, »Sprache als Medium. Über die Sprache als audio-visuelles Dispositiv des Medialen«, in: Horst Wenzel, Wilfried

Seipel, Gotthart Wunberg (Hg.), *Audiovisualität vor und nach Gutenberg. Zur Kulturgeschichte der medialen Umbrüche*, Wien 2001.

Jäger, Ludwig, »Wieviel Sprache braucht der Geist? Mediale Konstitutionsbedingungen des Mentalen«, in: Ludwig Jäger, Erika Linz (Hg.), *Medialität und Mentalität. Theoretische und empirische Studien zum Verhältnis von Sprache, Subjektivität und Kognition*, München 2004, S. 15-44.

Jäger, Ludwig, »Medium Sprache. Anmerkungen zum theoretischen Status der Sprachmedialität«, in: *Mitteilungen des deutschen Germanistenverbandes* 54 (2007), H. 1, S. 8-24.

James, William, *Der Pragmatismus*, übersetzt von Wilhelm Jerusalem, Hamburg ²1994.

James, William, *Psychologie*, Leipzig 1909.

Jankowiak, William (Hg.), *Romantic Passion: A Universal Experience?*, New York 1995.

Jourdain, Robert, *Das wohltemperierte Gehirn. Wie Musik im Kopf entsteht und wirkt*, Heidelberg und Berlin 2001.

Kant, Immanuel, *Kant's gesammelte Schriften*, hg. v. der Preußischen Akademie der Wissenschaften, Berlin 1900 ff.

Kant, Immanuel, *Kritik der reinen Vernunft*, hg. v. Raymund Schmidt, Hamburg 1956.

Kant, Immanuel, *Anthropologie in pragmatischer Absicht*, Königsberg 1798; in: *I. Kant, Werke in sechs Bänden*, hg. v. Wilhelm Weischedel, Darmstadt 1983, Bd. 6, S. 397-690.

Kappeler, Peter, *Verhaltensbiologie*, Berlin, Heidelberg und New York 2006.

Koselleck, Reinhart, Art. »Fortschritt«, in: Otto Brunner, Werner Conze, Reinhart Koselleck (Hg.), *Geschichtliche Grundbegriffe*, Bd. 2, Stuttgart ³1992, S. 351-423.

Köster, Werner, Art. »Raum«, in: Ralf Konersmann (Hg.), *Wörterbuch der philosophischen Metaphern*, Darmstadt 2007, S. 274-291.

Kropotkin, Peter, *Gegenseitige Hilfe in der Tier- und Menschenwelt*. Mit einem Nachwort von Henning Ritter. Übersetzt von Gustav Landauer, Wien 1991 (engl. Original unter dem Titel: *Mutual Aid: A Factor of Evolution*, London 1902).

Künne, Wolfgang, »Wahrheit«, in: Ekkehard Martens, Herbert Schnädelbach (Hg.), *Philosophie. Ein Grundkurs*, Bd. 1, Reinbek bei Hamburg 1994, S. 116-171.

Kurzban, Robert, John Tooby, Leda Cosmides, »Can race be erased? Coalitional computation and social categorization«, in: *Proceedings of the National Academy of Sciences* 98 (2001), S. 15 387-15 392.

Kutschera, Franz von, *Grundlagen der Ethik*, Berlin ²1999.

Lakoff, George, Mark Johnson, *Philosophy in the Flesh. The Embodied Mind and its Challenge to Western Thought*, New York 1999.

Lakoff, George, Mark Johnson, *Leben in Metaphern. Konstruktion und Gebrauch von Sprachbildern*, Heidelberg ²2000.

Laland, Kevin N., »Imitation, Social Learning, and Preparedness as Mechanisms of Bounded Rationality«, in: Gerd Gigerenzer, Reinhard Selten (Hg.), *Bounded Rationality. The Adaptive Toolbox*, Cambridge/Massachusetts 2001, S. 233-247.

Lange, Friedrich Albert, *Geschichte des Materialismus und Kritik seiner Bedeutung in der Gegenwart*, 2 Bde., Iserlohn ²1873-1875.

LeDoux, Joseph, *Das Netz der Gefühle. Wie Emotionen entstehen*, München und Wien 1998.

Lévi-Strauss, Claude, *Die elementaren Strukturen der Verwandtschaft*, Frankfurt/M. ³1984.

Levinson, Stephen C., *Space in Language and Cognition – Explorations in Cognitive Diversity*, Cambridge 2005.

Libet, Benjamin, Curtis A. Gleason, Elwood W. Wright, Dennis K. Pearl, »Time of Conscious Intention to Act in Relation to Onset of Cerebral Activity (Readiness-Potential). The Unconscious Initiation of a Freely Voluntary Act«, in: *Brain* 106 (1983), S. 623-642.

Linden, Eugene, *The Octopus and the Orangutan. More True Tales of Animal Intrigue, Intelligence, and Ingenuity*, New York 2002.

Lorenz, Konrad, »Der Kumpan in der Umwelt des Vogels« (1935), Neudruck in: K. Lorenz, *Über tierisches und menschliches Verhalten*, Bd. 1, München 1965, S. 95-228.

Lorenz, Konrad, *Vergleichende Verhaltensforschung. Grundlagen der Ethologie*, Wien und New York 1978.

Lorenz, Konrad, *Die Rückseite des Spiegels. Versuch einer Naturgeschichte menschlichen Erkennens*, München ⁴1983.

Lorenz, Konrad, *Die acht Todsünden der zivilisierten Menschheit*, München 2005.

Luhmann, Niklas, *Gesellschaftsstruktur und Semantik*, Bd. 1, Frankfurt/M. 1980.

Luhmann, Niklas, *Funktion der Religion*, Frankfurt/M. 1982a.

Luhmann, Niklas, *Liebe als Passion*, Frankfurt/M. 1982b.

Luhmann, Niklas, »Individuum, Individualität, Individualismus«, in: N. Luhmann, *Gesellschaftsstruktur und Semantik*, Bd. 3, Frankfurt/M. 1989, S. 149-258.

Luhmann, Niklas, *Die Wissenschaft der Gesellschaft*, Frankfurt/M. 1992.

Luhmann, Niklas, *Die Realität der Massenmedien*, Wiesbaden ³2004.

Lütterfels, Wilhelm (Hg.), *Transzendentale oder evolutionäre Erkenntnistheorie*, Darmstadt 1987.

Mach, Ernst, *Die Analyse der Empfindungen und das Verhältnis des Physischen zum Psychischen*, Jena ⁵1906.

Malinowski, Bronislaw, »Eine wissenschaftliche Theorie der Kultur« (1941), in: Bronislaw Malinowski, *Eine wissenschaftliche Theorie der Kultur und andere Aufsätze*, Frankfurt/M. 1975, S. 45-172.

Marx, Karl, »Zur Kritik der politische Ökonomie – Vorwort«, in: K. Marx, F. Engels, *Werke*, Berlin 1956 ff., Bd. 13, S. 7-11.

Mauthner, Fritz, *Beiträge zu einer Kritik der Sprache*, 3 Bde., Stuttgart 1901-1902.

Mayr, Ernst, *Eine neue Philosophie der Biologie*, München 1991.

Mellmann, Katja, *Emotionalisierung. Von der Nebenstundenpoesie zum Buch als Freund. Eine emotionspsychologische Analyse der Literatur der Aufklärungsperiode*, Paderborn 2006a.

Mellmann, Katja, »Literatur als emotionale Attrappe. Eine evolutionspsychologische Lösung des ›paradox of fiction‹«, in: Uta Klein, Katja Mellmann, Steffanie Metzger (Hg.), *Heuristiken der Literaturwissenschaft. Disziplinexterne Perspektiven auf Literatur*, Paderborn 2006b, S. 145-166.

Mellmann, Katja, »Das ›Spielgesicht‹ als poetisches Verfahren. Elemente einer verhaltensbasierten Fiktionalitätstheorie«, in: Thomas Anz, Heinrich Kaulen (Hg.), *Literatur als Spiel. Evolutionsbiologische, ästhetische und pädagogische Aspekte. Beiträge zum Deutschen Germanistentag 2007*, Berlin und New York: de Gruyter 2009 (in Vorbereitung)

Menninghaus, Winfried, *Ekel. Theorie und Geschichte einer starken Empfindung*, Frankfurt/M. 2002.

Menninghaus, Winfried, *Das Versprechen der Schönheit*, Frankfurt/M. 2003.

Meyer, Wulf-Uwe, *Zur Geschichte der evolutionären Psychologie*, Bielefeld ²2002. http://www.uni-bielefeld.de/psychologie/ae/AE02/LEHRE/Evolutionary%20Psychologie.pdf (zuletzt gesehen 18.11.2008).

Miller, Geoffrey F., *Die sexuelle Evolution. Partnerwahl und die Entstehung des Geistes*, Heidelberg und Berlin 2001.

Murdock, George Peter, »The Common Denominator of Cultures«, in: Ralph Linton (Hg.), *The Science of Man in the World Crisis*, New York 1945, S. 123-142. Neudruck in: George Peter Murdock, *Culture and Society. Twenty-Four Essays*, Pittsburgh 1965, S. 88-110.

Musil, Robert, »Geist und Erfahrung. Anmerkungen für Leser, welche dem Untergang des Abendlandes entronnen sind«, in: R. Musil, *Prosa und Stücke. Kleine Prosa, Aphorismen, Autobiographisches. Essays und Reden. Kritik*, Hamburg 1978, S. 1042-1059.

Niemitz, Carsten, »Die Stammesgeschichte der menschlichen Sprache und des menschlichen Gehirns«, in: Carsten Niemitz (Hg.), *Erbe und Umwelt*, Frankfurt/M. 1987, S. 95-118.

Packer, Craig, Anne Pusey, »Scheinfriede im Löwenrudel«, in: *Spektrum der Wissenschaft 1997*, H. 7 (Juli), S. 78-87.

Parmigiani, Stefano, Frederick S. vom Saal (Hg.), *Infanticide and parental care*, Chur 1994.

Paul, Andreas, *Von Affen und Menschen*, Darmstadt 1998.

Pinker, Steven, *Der Sprachinstinkt*, München 1996.

Popper, Karl R., *Das Elend des Historizismus*, Tübingen ²1969.

Popper, Karl R., *Objektive Erkenntnis. Ein evolutionärer Entwurf*, Hamburg 1973.

Price, Michael E., Leda Cosmides, John Tooby, »Punitive sentiment as an anti-free rider psychological device«, in: *Evolution and Human Behavior* 23 (2002), S. 203-231.

Prinz, Wolfgang, »Das unmittelbare und das mittelbare Selbst«, in: Ludwig Jäger, Erika Linz (Hg.), *Medialität und Mentalität. Theoretische und empirische Studien zum Verhältnis von Sprache, Subjektivität und Kognition*, München 2004, S. 131-146.

Radnitzky, Gerard, William Warren Bartley III. (Hg.), *Evolutionary Epistemology, Rationality, and the Sociology of Knowledge*, La Salle 1987.

Reichholf, Josef H., *Das Rätsel der Menschwerdung. Die Entstehung des Menschen im Wechselspiel der Natur*, München [6]2004.

Reichholf, Josef H., *Eine kurze Naturgeschichte des letzten Jahrtausends*, Frankfurt/M. [6]2008a.

Reichholf, Josef H., *Stabile Ungleichgewichte. Die Ökologie der Zukunft*, Frankfurt/M. 2008b.

Richter, Klaus, *Die Herkunft des Schönen. Grundzüge der evolutionären Ästhetik*, Mainz 1999.

Riedl, Rupert, *Biologie der Erkenntnis. Die stammesgeschichtlichen Grundlagen der Vernunft*, Berlin und Hamburg 1980.

Rizzolatti, Giacomo, Corrado Sinigaglia, *Empathie und Spiegelneurone. Die biologische Basis des Mitgefühls*, Frankfurt/M. 2008.

Roth, Gerhard, *Das Gehirn und seine Wirklichkeit. Kognitive Neurobiologie und ihre philosophischen Konsequenzen*, Frankfurt/M. 1997.

Rousseau, Jean-Jacques, *Abhandlung über den Ursprung und die Grundlagen der Ungleichheit unter den Menschen*, Stuttgart 1998.

Sandbothe, Mike (Hg.), *Die Renaissance des Pragmatismus. Aktuelle Verflechtungen zwischen analytischer und kontinentaler Philosophie*, Weilerswist 2000.

Sbrzesny, Heide, *Die Spiele der!Ko-Buschleute. Unter besonderer Berücksichtigung ihrer sozialisierenden und gruppenbildenden Funktionen*, München 1976.

Scherer, Klaus R., »Emotion Serves to Decouple Stimulus and Response«, in: Paul Ekman, Richard J. Davidson (Hg.), *The Nature of Emotion. Fundamental Questions*, New York und Oxford 1994, S. 127-130.

Schiefenhövel, Wulf, »Adaptiv oder pathogen? Kulturelle Einflüsse auf die Stressphysiologie«, in: Eckart Voland (Hg.), *Evolution und Anpassung. Warum die Vergangenheit die Gegenwart erklärt. Christian Vogel zum 60. Geburtstag*, Stuttgart 1993, S. 249-262.

Schiller, Friedrich, »Versuch über den Zusammenhang der tierischen Natur des Menschen mit seiner geistigen«, in: Ders., *Sämtliche Werke*, Bd. 5: *Erzählungen, Theoretische Schriften*, hg. v. Wolfgang Riedel, München 2004, S. 287-324.

Schleichert, Hubert (Hg.), *Logischer Empirismus – der Wiener Kreis. Ausgewählte Texte mit einer Einleitung*, München 1975.

Schönborn, Christoph, »Finding Design in Nature«, in: *The New York Times*, 7.7.2005. http://www.nytimes.com/2005/07/07/opinion/07schonborn.html?_r=2&oref=slogin&oref=slogin; dt.: http://www.stjosef.at/dokumente/evolution_schoepfung_schoenborn.htm [zuletzt gesehen 2.9.2008]

Schulze, Gerhard, *Die Erlebnisgesellschaft. Kultursoziologie der Gegenwart*, Frankfurt und New York ⁸2000.

Schuster, Martin, *Kunstpsychologie. Kreativität – Bildkommunikation – Schönheit*, Hohengehren 2000.

Schwender, Clemens, *Medien und Emotionen. Evolutionspsychologische Bausteine einer Medientheorie*, Wiesbaden ²2006.

Senft, Gunter, »Sprache, Kognition und Konzepte des Raumes. Zum Problem der Interdependenz sprachlicher und mentaler Strukturen«, in: Ludwig Jäger, Erika Linz (Hg.), *Mentalität und Medialität*, München 2004, S. 163-176.

Singer, Wolf, »Vom Gehirn zum Bewusstsein«, in: W. Singer, *Der Beobachter im Gehirn. Essays zur Hirnforschung*, Frankfurt/M. 2002, S. 60-76.

Skirbekk, Gunnar (Hg.), *Wahrheitstheorien. Eine Auswahl aus den Diskussionen um die Wahrheit im 20. Jahrhundert*, Frankfurt/M. 1977.

Sommer, Volker, *Lob der Lüge. Täuschung und Selbstbetrug bei Tier und Mensch*, München 1992.

Spengler, Oswald, *Der Untergang des Abendlandes*, Gekürzte Ausgabe, München 1959.

Sperber, Dan, *Explaining Culture. A Naturalistic Approach*, Oxford 1996.

Stegmüller, Wolfgang, *Das Problem der Induktion: Humes Herausforderung und moderne Antworten*, Darmstadt 1971.

Stegmüller, Wolfgang, »R. Carnap: Induktive Wahrscheinlichkeit«, in: Josef Speck, *Grundprobleme der großen Philosophen*, Bd. 1, Göttingen 1972, S. 45-97.

Stöltzner, Michael, Thomas Uebel (Hg.), *Wiener Kreis. Texte zur wissenschaftlichen Weltauffassung von Rudolf Carnap, Otto Neurath, Moritz Schlick, Philipp Frank, Hans Hahn, Karl Menger, Edgar Zilsel und Gustav Bergmann*, Hamburg 2006.

Stückelberger, Alfred, *Einführung in die antiken Naturwissenschaften*, Darmstadt 1988.

Sturma, Dieter (Hg.), »Zur Einführung«, in: D. Sturma (Hg.), *Philosophie und Neurowissenschaften*, Frankfurt/M. 2006, S. 7-19.

Tennov, Dorothy, *Love and Limerence. The Experience of Being in Love*, Lanham / Maryland 1999 [erstmals 1979, davon eine Übersetzung *Über Liebe und Verliebtsein*, München 1981].

Thornhill, Randy, »Darwinian Aesthetics Informs Traditional Aesthetics«, in: Eckart Voland, Karl Grammer (Hg.), *Evolutionary Aesthetics*, Heidelberg und New York 2003, S. 9-38.

Tinbergen, Nikolaas, *Instinktlehre. Vergleichende Erforschung angeborenen Verhaltens*, Berlin und Hamburg 1952.

Tomasello, Michael, *Die kulturelle Entwicklung des menschlichen Denkens. Zur Evolution der Kognition*, Frankfurt/M. 2002.

Tooby, John, Leda Cosmides, »The past explains the present: Emotional adaptations and the structure of ancestral environments«, in: *Ethology and Sociobiology* 11 (1990), S. 375-424.

Tooby, John, Leda Cosmides, »The psychological foundations of culture«, in: J. Barkow, L. Cosmides, J. Tooby (Hg.), *The adapted mind: Evolutionary psychology and the generation of culture*, New York 1992, S. 19-136.

Tooby, John, Leda Cosmides, »Does Beauty Build Adapted Minds? Toward an Evolutionary Theory of Aesthetics, Fiction and the Arts«, in: *SubStance. A Review of Theory and Literary Criticism* 30 (2001), H. 1-2, Issue 94 / 95, Special Issue: *On the Origin of Fictions*, S. 6-27. Deutsch: »Schönheit und mentale Fitness. Auf dem Weg zu einer evolutionären Ästhetik«, in: Uta Klein, Katja Mellmann, Steffanie Metzger (Hg.), *Heuristiken der Literaturwissenschaft. Disziplinexterne Perspektiven auf Literatur*, Paderborn 2006, S. 217-244.

Tooby, John, Leda Cosmides, »Evolutionary psychology: Conceptual foundations«, in: David M. Buss (Hg.), *The Handbook of Evolutionary Psychology*, Hoboken 2005, S. 5-67; http://www.cbd.ucla.edu/downloads/concept-j16.pdf (gesehen 22. 9. 2008).

Topitsch, Ernst, *Erkenntnis und Illusion. Grundstrukturen unserer Weltauffassung*, 2., überarbeitete und erweiterte Auflage, Tübingen 1988.

Turner, Mark, *The Literary Mind. The Origins of Thought and Language*, New York 1996.

Uexküll, Jakob von, Georg Kriszat, *Streifzüge durch die Umwelten von Tieren und Menschen – Bedeutungslehre*, Hamburg 1956.

Vaihinger, Hans, *Die Philosophie des Als Ob. System der theoretischen, praktischen und religiösen Fiktionen der Menschheit auf Grund eines idealistischen Positivismus*, Berlin 1911.

Voland, Eckart, »Organismische Evolution und Kulturgeschichte. ›Survival of the fittest‹ plus ›imitation of the fittest‹«, in: *Ethik und Sozialwissenschaften* 9 (1998), H. 2, S. 341 f.

Voland, Eckart, *Grundriss der Soziobiologie*, Heidelberg und Berlin ²2000.

Voland, Eckart, »Lernen – Die Grundlegung der Pädagogik in evolutionärer Charakterisierung«, in: *Zeitschrift für Erziehungswissenschaft*, Beiheft 5 (2006), S. 103-115.

Voland, Eckart, *Die Natur des Menschen. Grundkurs Soziobiologie*, München 2007.

Voland, Eckart, Karl Grammer (Hg.), *Evolutionary Aesthetics*, Heidelberg und New York 2003.

Vollmer, Gerhard, *Evolutionäre Erkenntnistheorie. Angeborene Erkenntnisstrukturen im Kontext von Biologie, Psychologie, Linguistik, Philosophie und Wissenschaftstheorie*, Stuttgart ³1983.

Vollmer, Gerhard, *Was können wir wissen?*, 2 Bde., Stuttgart 1985 f.

Vollmer, Gerhard, *Wieso können wir die Welt erkennen?*, Stuttgart und Leipzig 2003.

Vowinckel, Gerhard, *Verwandtschaft, Freundschaft und die Gesellschaft der Fremden. Grundlagen menschlichen Zusammenlebens*, Darmstadt 1995.

Wallin, Nils B., Björn Merker, Steven Brown (Hg.), *The Origins of Music*, Cambridge/Massachusetts 2000.

Wehr, Marco, Martin Weinmann (Hg.), *Die Hand – Werkzeug des Geistes*, Heidelberg 1999.

Weisgerber, Leo, *Das Menschheitsgesetz der Sprache*, Heidelberg ²1964.

Westermarck, Eduard, *Geschichte der menschlichen Ehe*. Aus dem Englischen, Jena 1893.

Whorf, Benjamin L., *Sprache – Denken – Wirklichkeit*, Reinbek bei Hamburg 1984.

Wickler, Wolfgang, Uta Seibt, *Das Prinzip Eigennutz. Ursachen und Konsequenzen sozialen Verhaltens*, Hamburg 1977.

Wickler, Wolfgang, Lucie Sawiczek (Hg.), *Wie wir die Welt erkennen. Erkenntnisweisen im interdisziplinären Diskurs*, Freiburg und München 2001.

Willems, Marianne, *Das Problem der Individualität als Herausforderung an die Semantik im Sturm und Drang. Studien zu Goethes Brief des Pastors zu*** an den neuen Pastor zu***, Götz von Berlichingen und Clavigo*, Tübingen 1995.

Wilson, Edward O., *Biologie als Schicksal*, Frankfurt/M. 1980.

Wilson, Edward O., *Die Einheit des Wissens*, Berlin 1998.

Wittgenstein, Ludwig, *Tractatus logico-philosophicus. Logisch-philosophische Abhandlung*, Frankfurt/M. 1963.

Wrangham, Richard, Dale Peterson, *Bruder Affe*, München 2001.

Young, Larry J., Zuoxin Wang, Thomas R. Insel, »Neuroendocrine Bases of Monogamy«, in: *Trends in Neuroscience* 21 (1998), S. 71-75.

Zahavi, Amotz, Avishag Zahavi, *Signale der Verständigung. Das Handicap-Prinzip*, Frankfurt/M. 1998.

Nachbemerkung

»Sind Sie verwandt mit Eibl-Eibesfeldt?« »Nein.« »Wie kommen Sie dann als Literaturwissenschaftler an die Evolutionsbiologie?« – Dieser kleine Dialog, der sich häufiger abspielt und den ich nunmehr durch öffentliche Beantwortung beider Fragen aus dem Verkehr ziehen möchte, ist ein hübscher Beleg, daß die Grundlagen der Soziobiologie in uns allen schlummern: Für den Gesprächspartner wäre das unwahrscheinliche Faktum hinreichend erklärt, wenn er es auf eine Gemeinsamkeit der Gene zurückführen könnte.

Soweit die beiden Wissenschaftskulturen voneinander Kenntnis nehmen, geschieht das beiderseits auf eine stereotype Weise: Die meisten Kulturwissenschaftler schwingen sich sogleich auf die geschützte Position ihrer Metaebene und behandeln die andere Seite als Gegenstand historischer, diskursanalytischer, ästhetischer Beobachtung. Daß Fragestellungen und Ergebnisse biologischer Forschung auch für ihren eigenen Prämissenhaushalt Bedeutung haben könnten, kommt nicht vor. Die Vertreter einer biologisch-naturalistischen Perspektive hingegen sind entweder auf Missionsreise oder schwanken zwischen dem üblichen bildungsbürgerlichen Respekt vor den Humaniora und dem Verdacht, der Kaiser könnte nackt sein. Die Fragestellungen und Ergebnisse der anderen Seite nehmen sie allenfalls in Vulgat-Versionen zur Kenntnis.

In dieser doppelt schiefen Lage könnte es sinnvoll sein, wenn ein Kulturwissenschaftler die gleiche Augenhöhe mit der derzeitigen Verhaltensbiologie sucht. Die speziell literaturwissenschaftliche Dimension wurde hier weitgehend ausgespart. Sie ist in meinem Buch *Animal poeta* von 2004 ausführlicher angesprochen und soll künftig weiter ausgebaut werden. Der vorliegende

Traktat ist ein Beitrag zur Propädeutik *jeder* Kontaktnahme zwischen Kulturwissenschaften und Verhaltensbiologie.

Sören Eden und Sophia Wege danke ich für Korrekturen. Katja Mellmann hat das Unternehmen mit Rat und Tat begleitet.

edition unseld
Das erste Programm

edition unseld
Das zweite Programm

edition unseld
Das dritte Programm

Helga Nowotny/Giuseppe Testa. Die gläsernen Gene. Die Erfindung des Individuums im molekularen Zeitalter. eu 16. 159 Seiten

Reinhard Brandt. Können Tiere denken? Ein Beitrag zur Tierphilosophie. eu 17. 159 Seiten

Margery Arent Safir (Hg.). Sprache, Lügen und Moral. Geschichtenerzählen in Wissenschaft und Literatur. Mit Beiträgen von Roald Hoffmann, Evelyn Fox Keller, Jean-Michel Rabaté und Mieke Bal. Aus dem Englischen von Rita Seuß und Thomas Wollermann. eu 18. 152 Seiten

David Gugerli. Suchmaschinen. Die Welt als Datenbank. eu 19. 117 Seiten

Karl Eibl. Kultur als Zwischenwelt. Eine evolutionsbiologische Perspektive. eu 20. 218 Seiten

Peter Janich. Kein neues Menschenbild. Zur Sprache der Hirnforschung. eu 21. 187 Seiten